U0320446

文冠果丰产栽培管理技术

WENGUANGUO FENGCHAN ZAIPEI GUANLI JISHU

阮成江
杨长文
冉　秦
马志国
刘海荣
李小红
赵　振
刘继承

▼

著

黄河出版传媒集团
阳光出版社

图书在版编目（CIP）数据

文冠果丰产栽培管理技术 / 阮成江等著. －－ 银川：
阳光出版社，2022.6
ISBN 978-7-5525-6305-4

Ⅰ.①文… Ⅱ.①阮… Ⅲ.①文冠果－高产栽培
Ⅳ.①S565.9

中国版本图书馆CIP数据核字(2022)第091412号

文冠果丰产栽培管理技术

阮成江　杨长文　冉　秦　马志国
刘海荣　李小红　赵　振　刘继承　著

责任编辑　杨　皎
封面设计　晨　皓
责任印制　岳建宁

黄河出版传媒集团
阳光出版社　出版发行

出 版 人　薛文斌
地　　址　宁夏银川市北京东路139号出版大厦（750001）
网　　址　http://www.ygchbs.com
网上书店　http://shop129132959.taobao.com
电子信箱　yangguangchubanshe@163.com
邮购电话　0951-5047283
经　　销　全国新华书店
印刷装订　宁夏凤鸣彩印广告有限公司
印刷委托书号　（宁）0023594

开　　本　880 mm×1230 mm　1/32
印　　张　5.25
字　　数　150千字
版　　次　2022年6月第1版
印　　次　2022年6月第1次印刷
书　　号　ISBN 978-7-5525-6305-4
定　　价　48.00元

前　言

文冠果拉丁学名为 *Xanthoceras sorbifolium* Bunge，属无患子科 Sapindaceae，无患子亚科 Sapindoideae，文冠果属 *Xanthoceras* Bunge。

文冠果是落叶乔木，高可达 8 米。奇数羽状复叶互生。花杂性、雌雄同株、少见两性花，整齐，颜色有白色、紫色、黄色、粉红、红色，基部有由黄变红之斑晕；蒴果椭圆形，径长4~6 厘米，具有木质厚壁。花期为 4~5 月；果熟期为 7~9 月。文冠果花序大而花朵密，春天花满树，花期可持续 20 多天，是难得的观花乔木，也是很好的蜜源植物。

文冠果是我国特有的优良木本油料树种，其种子是生产高端含 3%~5% 神经酸的健康食用植物油的重要原料，其油、叶、花、果壳与枝干，是治疗高血脂、高血压、血管硬化和慢性肝病的常用中药。

文冠果既是乡村振兴树种，又是珍贵的观赏植物，是优良的绿化美化和生态建设的优选树种，有着极大的开发价值。

近年来，文冠果价格连连攀升，文冠果种子和产品供不应求。

发展文冠果产业，使之成为乡村振兴、生态建设、生物科技与食用油及绿色产业之一。

目　录

第一章　文冠果基础知识

文冠果（*Xanthoceras sorbifolium* Bunge）是我国特有树种、原生物种，我们只要认真对待它的种植和加工，就能够成为我国人民的主要食用油料作物之一。文冠果油就会像玉米、红薯那样成为我们的主要粮油食品，也将成为我们子孙后代的重要食用油新资源。

第一节　文冠果是事关国家粮油安全的战略资源

农业农村部发布的数据显示，目前，我国食用植物油对外依存度已超过65%，特别是2021年接近70%，早已超过了国际安全预警线。在主要油料作物受制于国外的背景下，作为我国木本油料特有新资源的文冠果，有可能成为事关国家粮油安全的战略资源。

2020年11月18日，国家发改委、国家林草局等十多个部门联合印发《关于科学利用林地资源　促进木本粮油和林下经济高质量发展的意见》（以下简称"意见"），提出要全面推动木本粮油和林下经济产业高质量发展。大力发展木本粮油产业，将为"端牢中国饭碗"，坚持质量兴农、绿色兴农提供更高水平、更加有力、更加健康的支撑和保障。到2025年，新增或改造木本粮油经济林5 000万亩，总面积保持在3亿亩以上，年初级产品产量达2 500万吨，木本食用油年产量达250万吨，林下经济年产值达1万亿元。到2030年，形成全国木本粮油和林下经济产业发展的良好格局，木本粮油和林下经济产品生产、流通、加工体系更加健全，产品供给能力、质量安全水平、市场竞争能力全面提升，机械化智能化水平大幅提高，特色产品竞争力、知名度、美誉度得到国内外市场的充分认可。将油茶作为食用植物油发展的主力军之一，在适生条件良好、产业发展具备一定基础和较大潜力的湖南、江西、广西等南方15省区，打造油茶产业融合发展优势区。在北方及西部适宜地区，充分发掘仁用杏、榛子等重点树种栽植潜力，巩固板栗等优势产能，扩大适生品种种植规模。在北方干旱区适当发展长柄扁桃、文冠果等树种，在西北等沙化土地区推广沙枣、沙棘等沙生木本粮油树种，在中原地区统筹推动油用牡丹种植，在适宜地区积极推广山桐子、元宝枫、银杏、香榧、果用红松、澳洲坚果等特色木本粮油树种。鼓励各地结合用材林建设培育果材两用林，不断扩大规模并增加木本粮油生产的潜力。

第二节　文冠果的生物学特性

文冠果为无患子科文冠果属（单种属）植物，又名文冠树、文冠木、文冠花、文官果、文登果、文光果、天仙果、木瓜、崖木瓜、温旦革子、僧灯毛道（蒙名）等。《本草纲目》中称文冠树，又谓"文光果，天仙果"；《救荒本草》名文冠花；《广群芳谱》名文光果；《东北常用中草药手册》名温旦革子、文冠木，性味"甘，平，无毒"。

文冠果是被子植物繁茂时期的第三纪（约6 500万年前）遗留下来的古老物种，系无患子科文冠果属落叶乔木，具有较强的适应性和抗逆（抗寒、抗旱和抗盐碱）能力，是北方水土保持及困难立地生态环境改造的优良树种。寿命达千年，花期4~5月，果期8~9月。文冠果种子营养丰富，含油率为35%~40%，种仁含油率为55%~70%，文冠果油属一级木本食用植物油。因此，文冠果是中国特有的木本油料树种，有北方油茶之称，社会经济生态效益重大。

文冠果是我国北方的珍稀树种，天然分布于北纬33°~46°、东经100°~125°，秦岭、淮河以北，内蒙古以南，东起辽宁，西至青海，南至河南及江苏北部。生于海拔52~2 260米的荒山坡地、沟谷间和丘陵地带。集中分布在辽宁、甘肃、内蒙古、陕西、山西、河北等地，吉林、河南、山东、安徽、黑龙江等省均有少量分布。

1. 文冠果的形态

文冠果为无患子科文冠果属落叶乔木，高 2~5 米（图 1-1）；主干上部枯萎截断后，截断处萌生力强，常形成灌木或丛状形，是雌雄异花同株虫媒传粉的异交物种。

文冠果小枝粗壮，褐红色，无毛或有毛，顶芽和侧芽有覆瓦状排列的芽鳞。叶柄长 15~30 厘米；小叶 4 对~8 对，膜质或纸质，披针形或近卵形，两侧稍不对称，长 2.5~6.0 厘米，宽 1.2~2.0 厘米，顶端渐尖，基部楔形，边缘有锐利锯齿，顶生小叶通常 3 深裂，腹面深绿色，无毛或中脉上有疏毛，背面鲜绿色，嫩时被绒毛和成束的星状毛；侧脉纤细，两面略凸起。

花序先叶抽出或与叶同时抽出，两性花的花序顶生，雄花序腋生，长 12~20 厘米，直立，总花梗短，基部常有残存芽

图 1-1　文冠果树高 2~5 米，最高可达 10 米以上

鳞；花梗长 1.2~2 厘米；苞片长 0.5~1 厘米；萼片长 6~7 毫米，两面被灰色绒毛；花瓣白色，基部紫红色或黄色，有清晰的脉纹，长 2 厘米，宽 7~10 毫米，爪之两侧有须毛；花盘的角状附属体橙黄色，长 4~5 毫米；雄蕊长 1.5 厘米，花丝无毛；子房被灰色绒毛。蒴果长达 6 厘米；种子长达 1.8 厘米，黑色而有光泽。花期春季，果期秋初。

2. 文冠果根系生长特性

文冠果根系生长与土壤温度关系密切，20℃左右生长最旺盛，15℃生长速度降低，10℃以下生长微弱，5℃以下进入休眠。早秋当根系长度生长停止后，还有一个加粗生长和贮存营养的过程。

文冠果的另一特点是皮层很厚，根系所占比例大，能够储存大量水分，而且根系强大，侧根发达，分布深广，这是文冠果抗旱、耐瘠薄、适应性强的主要原因。

3. 文冠果枝梢生长特性

芽分叶芽和混合芽两种，叶芽仅抽放新梢，混合芽顶端开花结果。花序基部抽生 3~4 个新梢，树冠外缘 70%~80% 是结果枝，生长枝占 20%~30%，树冠内膛则相反，结果多在外缘，结果枝逐年外移，内膛基本不结果。

文冠果枝梢根据萌芽时间，分为春梢、夏梢和秋梢三类。春梢 6 月下旬停止生长后形成顶芽，6 月下旬至 7 月上旬停止生长后继续抽放的是夏梢，7 月下旬以后再继续抽生出来的是秋梢。春梢大多数都能形成混合芽，夏梢有 50% 以上能形成混合芽开花结果，秋梢不能形成混合芽开花结果（图 1-2）。

图 1-2　文冠果枝梢生长特性

4. 文冠果的花芽分化

文冠果花芽分化分为 4 个阶段（图 1-3）。

（1）准备阶段。春梢停止生长至 7 月上旬结束，随着营养的积累，花原基开始形成。

（2）7 月中旬至 8 月中旬的 20~30 天，形成芽序上每朵花的原始体。

图 1-3　不同分化时期的文冠果花

（3）8月下旬至树体休眠，是花原体分化阶段，形成花各部分原始组织，雄蕊原始基形成。

（4）花性别分化阶段，开花前一个月，树液流动后，花性别开始分化，至萌芽前完成。一朵花是雄蕊退化发育成可孕花，还是子房退化发育成不可孕花，正是这个时期决定。所以，早春修剪的时期和部位对结果有很大影响。

5. 文冠果的果实和种子

文冠果果实为蒴果，2~5裂（图1-4），单果，簇生或串状排列。果实大小3~7厘米，果实成熟于6月底至9月底，各地因物候不同，果实成熟期不同。宁夏吴忠果实成熟期为7月中下旬。

文冠果种子黑色、褐色，少数红色，大部分成熟时不开裂，但也有少数成熟时种皮开裂，露出种仁。

图1-4 文冠果的果实与种子

第三节　文冠果经济效益分析

文冠果树种子苗 2 年开花，3 年结果，4~5 年进入初产期，6~10 年达到丰产期，丰产期可持续到 50~70 年。一代种植可福及子孙几代人。文冠果的果壳产量同种子产量基本持平，丰产期叶、花可持续作为叶茶和花茶原料。

文冠果投资少，见效快，根系发达，适宜北方的各种环境，每亩可栽种 110 株（株行距为 2 米×3 米）。在降水量只有 300 毫米的山坡上栽植文冠果，为早期达到丰产期，每亩可栽种 220 株（株行距为 1 米×2 米）。根据有关地区文冠果产量数据：3 年生的文冠果单株产种子 0.5 公斤，并有等量果壳，4 年生的文冠果树单株产种子平均 1 公斤，并有等量果壳。5 年生文冠果树，单株产量可在 2 公斤左右。目前，市场文冠果种子价格每公斤 20~50 元之间，果壳价格每公斤在 4~8 元之间，叶价格每公斤 12 元左右，嫩芽价格每公斤 40 元左右。

文冠果到第 3 个年头，就有产量，有效益。随着树龄的增长，其产量也稳步增长。同时，文冠果树是一种长寿树种，树龄可达 500~1 000 年，盛果期高达 70~100 年，种植文冠果起码受益三代人。

1. 文冠果产量、产值估算

选择文冠果优良品种/优良无性系是文冠果建园实施的关键。优良品种/无性系的优质种苗（1~2 年生嫁接苗或组培苗）

一般 1 年栽种、2 年开花见果，5 年进入初丰产期，6 年进入丰产期。

成年文冠果树株产种子可达 1~2 公斤，5~7 年亩产达 150~200 公斤。水肥管理条件较好的地区千粒重可达 1 600 克。5 年后，可对株行距进行疏树处理，即每亩保留 110 株树，移出的 110 株树可新建 1 亩文冠果林。10~15 年后株产种子 2~3 公斤，个别单株可达 20 公斤，亩产种子 200~300 公斤（每亩 110 株计算），随着树龄的增长产量还会逐年增大。按每公斤最低 24 元计，亩种子产值至少可达 4 800 元，果壳产值至少可达 800 元，种植户每亩年产值仅果实即达 5 600 元（表1-1），且子孙后代代代受益。

2. 文冠果种植户的亩年纯利润分析

种植文冠果后，从第 5 年开始，种植户亩年纯利润即达 4 000 元（表 1-2），10 年后亩年纯利润 6 680 元以上。如果以 5 年周期计算，则扣除成本后的亩平均年纯收入为 1 900 元，是种植玉米等农作物的 4.75 倍以上（玉米亩纯收入按 400 元计算）；如果以 10 年周期计算，则扣除成本后亩平均年纯收入为 3 328 元，是种植玉米等农作物的 8.32 倍。低收入贫困户种植 10 亩文冠果，则年收入在 3.328 万元以上，按每户人口 4 人计算，则每名贫困人口年纯收入为 8 320 元，不仅可实现精准脱贫，而且可实现长效致富。

文冠果种植 10 年后的亩平均纯收入可达 6 680 元，是种植玉米等农作物的 16.7 倍以上。另外，文冠果成林后管抚简单，每年只需除草 1~2 次，施肥 1~2 次，果实采收期长，是一次种植后几代人受益的优势特色木本油料树种（图 1-5）。

表 1-1　文冠果种植后的亩年产量、产值测算①

种植后年份	老叶产量(公斤)和收益(元)		嫩芽产量(公斤)和收益(元)		种子产量(公斤)和收益(元)		果壳产量(公斤)和收益(元)		种植户收益(元)	企业收益（万元）				
										叶茶	芽茶	油	饼粕	合计
3	0	0	0	0	30	720	30	120	840	0	0	0.18(6kg油)	0.030(6公斤)	0.210
4	30	360	8	320	75	1 800	75	300	2 780	0.16	0.10	0.45(15kg油)	0.075(15公斤)	0.785
5	30	360	8	320	150	3 600	150	600	4 880	0.16	0.10	0.90(30kg油)	0.150(30公斤)	1.310
6	30	360	8	320	175	4 200	175	700	5 580	0.16	0.10	1.05(35kg油)	0.175(35公斤)	1.485
7	30	360	8	320	200	4 800	200	800	6 280	0.16	0.10	1.20(40kg油)	0.200(40公斤)	1.660
20	30	360	8	320	300	7 200	200	800	8 680	0.16	0.10	1.80(60kg油)	0.300(60公斤)	2.360
50	30	360	8	320	300	7 200	200	800	8 680	0.16	0.10	1.80(60kg油)	0.300(60公斤)	2.360

① 优良品种/无性系的 2 年生无性繁育优质种苗价格以 15 元/株计算，每亩 220 株计算，苗木成本为 3 300 元，底肥和造林成本为 500 元，第 1 年和第 2 年的管护和肥料成本为 1 600 元，总成本价为 5 400 元；栽后第 5 年，每亩可移售 6 年生文冠果树 110 株，单株价格在 100 元以上，收益为 8 800~11 000 元，扣除移树成本 2 200 元/亩（20 元/株），则每亩净收入在 3 400 元以上。

备注：种苗为优良品种/无性系无性繁育的 1~2 年苗优级苗木，每亩 220 株；老叶和嫩芽均为第 4 年开始采收；老叶价格为 12 元/公斤；嫩芽价格为 40 元/公斤；文冠果种子依据 2018 年市场价的最低价 24 元/公斤计算；果壳依据 2018 年市场价 4 元/公斤计算；每亩的种子和果壳产量基本相等，因果实中果壳和种子重量各占比近 50%；7 年后，按盛产期种子产量 200 公斤计算，则每株树产种子 1 公斤，每果实产种子约 20 克，则产 1 公斤种子需 50 个果实，以 2 果/顶~4 果/顶生枝计算，则每株树每年仅需 15~25 个结果枝结实，即可达到 1 公斤种子产量/株树·年；文冠果叶茶价格 400 元/公斤，每 7.5 公斤老叶生产 1 公斤叶茶，每亩产 4 公斤叶茶；文冠果嫩芽价格为 2 000 元/公斤以上，每 16 公斤嫩芽约产 1.2 公斤嫩芽绿茶，每亩产嫩芽绿茶依据 0.5 公斤计算；文冠果种子产油依据 5 公斤种子生产 1 公斤油计算，价格依据 300 元/公斤计算；饼粕产量依据榨油后饼粕产出率计算，即生产 1 公斤油即可产 1 公斤饼粕，文冠果饼粕 2018 年市场价为 50 元/公斤。

表 1-2　文冠果种植后的亩纯利润分析（元/年）

种植后年份	种植户亩收益（元/年）	种植户亩管护和肥料成本（元/年）	种植户栽后第 5 年每亩移售 110 株树纯收入(元)	种植户亩纯利润（元/年）
3	840	800	0	40
4	2 780	800	0	1 980
5	4 880	800	3 400	7 480
6	5 580	800	0	4 196
7	6 280	800	0	4 896
8	6 280	800	0	4 896
9	6 280	800	0	4 896
10	6 280	800	0	4 896
20	8 680	1 000	0	6 680
50	8 680	1 000	0	6 680

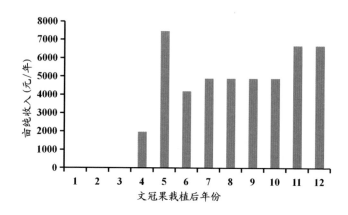

图1-5　文冠果种植户亩年纯收入趋势

另外，发展文冠果生态经济林，苗木、管护和肥料等可享受国家相关政策的农业补贴，以降低前期投资成本和增加前期收入。

3. 文冠果加工企业的亩年纯利润分析

文冠果栽后第三年进入初挂果期，企业收获种植户的30公斤文冠果种子总成本为720元（24元/公斤），分别产出6公斤油和1公斤饼粕，收入可达2 100元（油价格为300元/公斤、饼粕价格为50元/公斤），亩纯利润可达1 380元（表1-3）。如果推广示范3 000亩或5 000亩文冠果，则第3年企业年纯利润可达414万元或619万元（图1-6）。

文冠果种植5年后，加工企业亩年纯利润可达8 820元，第6年达9 970元，7~10年达1.112万元，20年后亩纯收入可达1.572万元。如果推广示范3 000亩或5 000亩文冠果，则5年后企业年纯利润可分别达到2 646万元或4 410万元；7年后分别达到3 336万元和5 560万元（图1-6）。

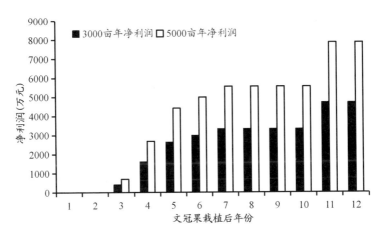

图 1-6　栽植 3 000 亩和 5 000 亩文冠果后，企业年纯收入趋势

　　3 000 亩或 5 000 亩文冠果在 20 年后的盛果期分别可产180 吨和 300 吨文冠果油，而建设 500 吨高端文冠果油生产线成本为 720 万元；3 000 亩或 5 000 亩文冠果茶产量分别为25.5 吨茶或 42.5 吨茶，80 万元；总投资成本为 800 万元。

　　如果以 5 年周期计算，则扣除成本后，3 000 亩或 5 000亩文冠果企业平均年纯收入为 2 039.6 万元或 3 506 万元；如果以 8 年周期计算，则扣除成本后，3 000 亩或 5 000 亩文冠果企业平均年纯收入为 2 525.75 万元或 4 276.25 万元。如果其他人工成本及税收按一半扣除，则 3 000 亩或 5 000 亩文冠果在 5 年周期时，企业年纯利润分别可达 1 019.8 万元或 1 753万元；在 8 年周期时，企业年纯利润分别可达 1 262.36 万元或2 138.12 万元（表 1-3）。

　　4. 文冠果油市场需求分析

　　木本油料产业是我国的传统产业，也是提供健康优质食用

表 1-3 文冠果加工企业的亩纯利润分析（万元／年）

种植后 年份	加工企业 亩收益 （万元／年）	收购叶和 嫩芽成本 （万元／年）	收购种子 成本 （万元／年）	加工企业 亩纯利润 （万元／年）
3	0.210	0.000	0.072	0.138
4	0.785	0.068	0.180	0.537
5	1.310	0.068	0.360	0.882
6	1.485	0.068	0.420	0.997
7	1.660	0.068	0.480	1.112
8	1.660	0.068	0.480	1.112
9	1.660	0.068	0.480	1.112
10	1.660	0.068	0.480	1.112
20	2.360	0.068	0.720	1.572
50	2.360	0.068	0.720	1.572

注：老叶、嫩芽和种子价格见表 1-1。

植物油的重要来源。近年来，我国食用植物油消费量持续增长，需求缺口不断扩大，对外依存度明显上升，食用植物油安全问题日益突出。近年来，我国食用植物油对外依存度超过了65%，特别是在 2021 年接近 70%。为进一步加快木本油料产业发展，大力增加健康优质食用植物油供给，切实维护国家粮油安全，国务院办公厅 2015 年 1 月 13 日发布了《关于加快木本油料产业发展的意见（国办发〔2014〕68 号）》，力争到2020 年，建成 800 个油茶、核桃、文冠果、油用牡丹等木本油料重点县，建立一批标准化、集约化、规模化、产业化示范基地，木本油料种植面积从现有的 1.2 亿亩发展到 2 亿亩，年产木本食用油 150 万吨左右。到 2030 年，人均食用植物油消费量将翻番，我国将年产木本食用油 300 万吨左右。

2017 年年底，我国山茶油产量为 72 万吨，占木本食用油的 1/2；文冠果近几年作为重点木本油料加以发展，到 2030 年计划达到 1 000 万亩，产文冠果油约 30 万吨（平均亩产油 30 公斤/年，荒漠、沙漠和干旱半干旱区文冠果油亩产较低），占木本食用油的 10%左右。

因此，文冠果油作为《粮油加工业"十三五"发展规划》（国家粮食局，2016 年 12 月）大力发展的新型健康木本食用油，年需求量正持续增加，2017 年文冠果油全国产量不足 500 吨，到 2030 年，年需求量将达到 30 万吨。因而，文冠果油具有广阔的市场需求前景，特别是文冠果油作为唯一富含 3%~5%神经酸、不饱和脂肪酸含量超过 92%及可以在我国北方大面积推广种植的木本油料树种，具有巨大的市场需求和广阔的发展前景。

5. 文冠果基地产值分析

宁夏 30 万亩文冠果的产值分析如下：

（1）第一产值：16.44 亿元

种子产值：进入盛果期后，每亩产种子 200 公斤以上，每公斤最低价 20 元，则种子产值为 4 000 元/亩，30 万亩年种子产值为 12 亿元。

叶产值：每亩 680 元，30 万亩年产值为 2.04 亿元。

果壳产值：每亩 800 元，30 万亩年产值为 2.4 亿元。

（2）第二产值：文冠果种植 7 年后，每亩产值 1.5 万元以上，30 万亩年产值 45 亿元以上。

（3）林下经济产值：套种林下经济作物或林菌间作，每亩产值 3 000 元以上，30 万亩年产值 9 亿元以上。

（4）碳汇价值：每亩文冠果平均每天"抹去"二氧化碳 0.74 公斤，每年为 0.270 吨，30 万亩文冠果年"抹去"二氧化碳 8.1 万吨，产值 180 万元。

基于以上分析，宁夏 30 万亩文冠果年总产值在 70 亿元以上。

第二章　文冠果育苗技术

第一节　文冠果种子育苗技术

1.种子的采收及处理

需要播种的种子，必须等果实自然张嘴裂开，完全成熟后再采摘。采摘后的种子堆积两三天后进行脱粒（堆积不要过厚以免热伤），脱完粒后的种子阴干备用（图 2-1）。如果购买种子，尽量不要买湿种子，因不成熟种子湿时呈现饱满状态，不易区别好坏。好种子种仁颜色纯白色饱满；颜色发黄不饱满说明采收过早；种仁饱满发污，说明采后发热变质；优质种子湿时黑色，干后呈浅灰色。

2.文冠果种子的沙藏处理

文冠果种子沙藏处理的时间宜晚不宜早，因为虽然气温下

图 2-1　适于种子育苗的干净饱满籽粒

降很快，但地下土壤温度仍然很高，如果处理早了，很容易伤热坏种，在不影响作业的情况下，越晚越好，提前搅好储藏沙，过筛，准备好细沙备用。

选择成熟饱满的当年新种子，清水浸泡 2~3 天，每天换水一次，然后拌湿沙（手握成团、松手即散），沙种比 3∶1，室外沟藏 120 天左右，第二年春种子萌动时（图 2-2）播种。

图 2-2　沙藏后第二年春天萌动出芽的文冠果种子

沙藏沟的制作。挖深 1 米、宽 1 米，长度根据种子量多少而定，沟底铺 5 厘米湿沙，然后将混拌好的种子放入沟内，最上边一层放 20 厘米湿沙保湿，放入种子过程中，每隔 1 米顺沟放一个去掉叶片的秸秆把，上边露出顶部，有利于透气散热，避免捂种。如果来不及沙藏的种子，用热处理法，先用 85℃水烫 4~5 分钟，再加入冷水降至 28℃左右，继续浸泡 48 小时，与三倍河沙混拌，放到 26℃温床催芽。

3. 播种和田间管理

选择平整肥沃，水源条件好，排水方便的地块，头年秋季施足底肥（每亩施 3 000 公斤发酵好的优质农家肥加 25 公斤多元素复合肥），施肥后进行深耕整地、耙平，早春播种前将地块浇透，等土壤干湿度合适时进行单犁开沟人工点播，行距45~50 厘米，株距 5~8 厘米，根据每亩需苗量和发芽率掌握播种量。播种后覆土 3~4 厘米，等地表土略干后，用鸡蛋滚子压实。一般每亩用种量 25~40 公斤（每斤种子 350~500 粒），播种量要大于实际需苗量，每亩保苗 8 000~15 000 株。

也可用大垄双行起垄用播种器播种，大行距 60 厘米，小行距 20 厘米，株距 5~8 厘米，层积处理过的种子最佳播种期是有 10% 的种子张嘴露白尖为宜，过晚芽子太长容易折断。

4. 苗后管理

文冠果种子播种出苗后，要及时松土保墒，除掉杂草，用锄头铲 2~3 次，等苗长到 30 厘米以上时（图 2-3），用犁浅耕一次，既能盖住小草，又能起到土壤透气作用。小苗前期注意防治地下害虫（金龟子、象甲等），后期主要防治文冠果木虱，防治方法参考病虫害部分。

图 2-3 种子繁育的文冠果苗

第二节 文冠果嫩枝扦插育苗技术

文冠果是我国北方的乡土木本油料树种，种子油是我国"十三五"重点发展的新型健康木本食用植物油。结合荒山坡地绿化、退耕还林及林地更新与防沙治沙，我国将发展文冠果作为西北部加强生态建设、发展林业产业和促进农民增收致富的重点，并将文冠果列入十大重点发展的木本油料。

素有"千花一果"之称的文冠果产量非常低，1999年，我国文冠果平均亩产油仅为1.67公斤。20世纪初，大面积种植的文冠果林进入盛果期后的亩种子产量也仅为10公斤左右，且存在明显的大小年结实现象。较低的经济效益，大大降低了种植户管抚文冠果的积极性，仅20世纪末，我国被荒废和砍伐损失的文冠果达60万亩，占当时全国文冠果的50%以上。

为提高文冠果果实产量和规模化推广文冠果优良种质，我国学者研究了组织培养、嫩枝扦插、硬枝扦插和根插等文冠果的无性繁殖方法。在组织培养方面，不同研究分别报道采用叶片（张娜等，2011）、茎段（德永军等，2014）、腋芽（张娜等，2014）、种子诱导体胚（柳金凤等，2009）、种子子叶（臧国忠等，2008）、种子苗嫩茎（柳金凤等，2010）和叶片（宋群雁等，2013）等外殖体成功诱导不定芽生根，获得了再生植株，但生根率普遍较低，且成苗率低，到目前为止，未见成功实现文冠果组培苗工厂化应用的报道。专利网数据显示，专利

"文冠果组培快速繁殖方法（专利号：200710061710.5）"可在短期内形成大量优良试管苗，其优化培养基配方为：启动培养基：MS 培养基添加水解乳蛋白 200mg/L，6-苄基嘌呤 2mg/L~3mg/L，活性炭 0.5mg/L~1.0mg/L；增殖培养基：MS 培养基添加肌醇 300mg/L~500mg/L，水解乳蛋白 300mg/L~500mg/L，6-苄基嘌呤 0.5mg/L~2.0mg/L；分化培养基：MS 培养基添加 6-苄基嘌呤 0.5mg/L ~1.0mg/L，噻苯隆 0.5mg/L ~2.0mg/L，萘乙酸 0.5mg/L~1.0mg/L，水解乳蛋白 500mg/L。专利"文冠果的一种开放式组织培养快速繁殖技术（专利号：200910088122.x）"方法诱导的再生植株移栽成活率可达 90%，其优化方法为，用一定浓度的抑菌剂代替高压灭菌，获得无菌苗，继代培养基为 MS+6BA（0.8mg/L）+KT（0.8mg/L）+NAA（0.01mg/L），生根培养基为 1/2MS+IBA（1.5mg/L）+NAA（0.5mg/L）。但到目前为止，未见这两项专利的转化应用，且市场种植的绝大部分文冠果苗木均为种子实生苗，未见组培苗种植推广的报道。

在扦插方面，穗长 13~15 厘米、带 2~3 片叶，插前用浓度为 250mg/L 的 IBA 溶液处理，嫩枝扦插文冠果成活率可达 41.2%（赵国锦和戴双，2006）；500mg/L IBA 处理插穗，愈伤组织增加，在 35 天时有少量的不定根形成（刘毓璟等，2013）；1 年生实生苗下部硬枝，500mg/L IBA 处理插穗生根率达 65.4%（宗建伟等，2012）；随母株年龄的增大，硬枝扦插的生根率和苗生长量、根数、地径都会下降（康国生和马明呈，2008）。而使用浓度为 100mg/L 和 300mg/L IBA 及 100mg/L ABT-6 处理硬枝后，文冠果平均成苗率 33.22%（莫保儒等，2014）；插根长度 10 厘米，扦插时用浓度均为 250mg/L 的

NAA、IBA 或 ABT 溶液处理插穗基部 30 秒，生根率可达 92% 左右，平均成活率达 82.9%（赵国锦和戴双，2006）。

文冠果为异交物种，种子实生苗性状不稳定，无法保证优良种质的优良性状。因此，依靠成熟的文冠果无性繁殖技术，在大面积推广文冠果过程中利用无性繁殖苗造林，其低产问题才能获得有效突破。

到目前为止，应用于造林的文冠果种苗绝大部分为种子实生苗，未见组培苗和扦插苗的种植和推广应用。其主要原因仍是文冠果生根率低、成苗率更低。本研究团队验证上述大部分研究的插穗处理方法，获得扦插生根率均介于 20%~30%，在自然条件下的成苗率更不足 20%。

针对上述问题，本技术团队通过黄化处理文冠果优良种质，再利用不同浓度的吲哚乙酸（IBA）处理黄化嫩枝插穗，在全光照喷雾插床上进行扦插；扦插后 110 天左右，采用简易大棚延长插穗生长期。根据扦插 90 天的生根率及 280 天后的成苗率，建立了一种促进文冠果嫩枝扦插生根和成苗的方法，提高了文冠果嫩枝扦插生根率和成苗率，从而为优良文冠果种质的无性繁殖提供了高效可靠的方法。

1. 技术方法

这种促进文冠果嫩枝扦插生根和成苗的方法，包括以下步骤。

（1）选择文冠果优良种质，截除枝干、整株罩袋遮光，进行黄化处理；罩袋遮光的袋子为不透明遮光袋，且下部着地，用土覆盖，保证不透光。所述文冠果优良种质的选择标准：种子含油量在 40% 以上，单株种子产量在 5 公斤以上。

（2）分别采集黄化处理 70 天、80 天、90 天后的嫩枝。

（3）修剪黄化嫩枝，制备扦插穗条，并使用不同浓度的吲哚乙酸处理插穗。

（4）扦插经步骤（3）处理的插穗，将插穗在全光照喷雾插床上培养管理。

（5）扦插 90 天后统计插穗的生根情况，并统计生根率。所述的生根情况包括生根插穗数、根系数量、插穗长度、根系长度。

（6）扦插 110 天后采用简易大棚进行延长生长期处理。简易大棚的中高为 2.5 米。

（7）扦插 280 天后统计插穗的成苗情况并统计成苗率。所述的成苗情况包括苗高、地径。

（8）以步骤（5）得到的最佳生根率和步骤（7）的最佳成苗率，建立一种"最佳黄化处理天数+最佳吲哚乙酸浓度+全光照喷雾+简易大棚"促进文冠果嫩枝扦插生根和成苗的方法。

所述的最佳黄化处理天数为 80 天，最佳吲哚乙酸浓度为 5 000mg/L。

步骤（3）所述的插穗：长度为 7~10 厘米，带有 5~6 片叶；所述吲哚乙酸浓度为 0、1 000mg/L、3 000mg/L、5 000mg/L、7 000mg/L；使用吲哚乙酸处理插穗的时间为 15~20 秒。

所述步骤（4）扦插基质为河沙，扦插苗床宽度为 1 米、两苗床间的步道宽 40 厘米。全光照喷雾插床上培养管理方式：扦插后立即喷水，使叶面保持一层水膜。扦插初期，每 5 分钟喷 1 次水，每次喷水 45 秒；扦插后 29~31 天，插穗开始大量产生愈伤组织，喷水间隔时间延至 10 分钟，每次喷水 45 秒；

扦插后 50 天，插穗开始在愈伤组织处生根，喷水间隔时间延至 20 分钟，每次喷水 1 分钟；100 天后，新生根系已很发达，为锻炼苗木，减少喷水，每天喷水 3~4 次，每次喷水 3 分钟即可。注意，阴雨天可不喷水或少喷。为了增加营养，使扦插苗生长健壮，在插穗生根后，每周喷一次 0.5% 的尿素液。

本技术团队对截除枝干文冠果进行黄化处理，用不同浓度 IBA 处理后，全光照喷雾插床上培养管理下扦插生根，并运用简易大棚进行加温延长生长期处理，获得的最佳黄化处理天数 80 天、最优 IBA 浓度为 5 000mg/L，全光照喷雾和简易大棚处理后，文冠果嫩枝插穗生根率达 86.7% 和成苗率达 88.7% 的成熟技术，为我国大面积种植文冠果急需无性繁殖的优良种苗提供了技术基础。

2. 本套技术的有益效果

（1）本技术的黄化和高浓度 IBA 处理及全光照喷雾和简易大棚延长生长期方法操作简单，易推广使用。

（2）使用本技术方法提供的生根和成苗方法，筛选出最佳黄化处理天数为 80 天、插穗处理以 5 000mg/L 的 IBA 浓度为最佳，嫩枝插穗生根率和成苗率分别达 86.7% 和 88.7%，极大地提高了文冠果嫩枝扦插生根率和成苗率。

（3）本技术提供促进文冠果嫩枝扦插生根和成苗方法，为我国大面积种植文冠果林急需无性繁育优良种苗提供了技术基础。

3. 推广实例

在阜新文冠果基地，由本技术选育的 5 个优良种质"辽冠1号""辽冠2号""辽冠4号""辽冠5号"和"辽冠6号"的各 50 株嫁接繁育的植株为材料。

（1）春季选择 5 个文冠果优良种质，进行黄化处理。

①选择文冠果基地内的 5 个优良文冠果种质，以每个种质的 50 株单株为材料，同一种质的不同单株均为同一批次、5 年生嫁接繁育植株。

②早春，文冠果萌发前，对选择单株的枝干进行截除修剪，利用不透光透气袋罩住修剪后的文冠果单株，袋子下摆用土覆盖，以保证完全遮光，进行黄化处理。

（2）制备黄化嫩枝插穗

①分别在黄化处理后的 70 天、80 天和 90 天，采集不同种质的黄化处理嫩枝 4 000 根左右，由于进行了截枝干修剪处理，每个单株产生的嫩枝较多，均在 300~500 根，同一种质同一次采集的 4 000 根嫩枝基本分布于其不同的 50 株单株上，平均每个单株采集嫩枝 80 根；采集的嫩枝基本都进入了半木质化状态。

②以采集的嫩枝为材料，通过修剪获得长度为 7~10 厘米的插穗，插穗上有 5~6 片叶，插穗的上切口为平口、距芽 1~2 厘米，下切口为斜口、距芽 0.5~1.0 厘米；黄化处理后的 70 天、80 天和 90 天，采集的每个嫩枝长度均在 20~30 厘米，可制备 2~3 根插穗；对于 5 个优良种质，每次分别制备 7 500 根插穗，每个种质每次采样各制备插穗 1 500 根。

（3）不同浓度 IBA（吲哚丁酸）处理插穗

①分别以不同浓度 IBA 处理制备的插穗：0、1 000mg/L、3 000mg/L、5 000mg/L 和 7 000mg/L，IBA 处理插穗的时间为 15~20 秒，处理时以浸没下切口为宜。每个优良种质每次制备的 1 500 根插穗、每种 IBA 浓度分别处理 300 根。

②不同浓度 IBA 处理后的插穗放于阴凉处保存备用，5 小时内完成扦插。

（4）扦插插穗，全光照喷雾插床上培养管理

①插床准备：插床的扦插基质为河沙，插床宽度为 1 米，两苗床间的步道宽 40 厘米。

②扦插：人工在插床上扦插完插穗后，立即喷水，使叶面保持一层水膜。黄化处理 70 天、80 天和 90 天后，分别扦插 5 个优良种质的 7 500 根插穗。每个优良种质的 1 500 根插穗，每种 IBA 浓度处理 300 根插穗，每个小插床块内扦插穗条 100 根，设 3 个重复。

③全光照喷雾插床上培养管理生根：扦插后的前 30 天，每 5 分钟喷 1 次水，时间为 45 秒；扦插后的 31 天到 50 天，插穗开始大量产生愈伤组织，喷水间隔时间延长至 10 分钟，时间为 45 秒；扦插 50 天后，插穗开始在愈伤组织处生根，喷水间隔时间延至 20 分钟，每次喷水 1 分钟；扦插 100 天后，新生根系已很发达，为锻炼苗木，减少喷水，每天喷水 3~4 次，每次 3 分钟。阴雨天可不喷水或少喷。为了增加营养，使扦插苗生长健壮，在插穗生根后，每周喷一次 0.5% 的尿素液。

（5）扦插后的 90 天统计生根情况

①黄化处理 70 天、80 天和 90 天的插穗，分别在扦插后的 90 天，对不同处理的 100 根插穗中随机选取 50 根统计插穗生根情况，包括每根插穗的根系数量和根系长度，计算生根率，生根率 = （生根插穗数/50）×100%，对三个重复求平均值。

②黄化处理后 70 天，不同浓度 IBA 处理 5 个文冠果优良种质嫩枝插穗的生根率见表 2-1。

表 2-1 文冠果黄化处理 70 天嫩枝插穗生根情况

优良种质	IBA 浓度(mg/L)	0	1 000	3 000	5 000	7 000
辽冠 1 号	插穗生根数	12	33	79	98	83
	根系数量/插穗	1.6	2.5	3.6	4.7	3.2
	根系长度(cm)	1.23	1.78	2.92	3.18	2.76
	生根率(%)	8.0	22.0	52.7	65.3	55.3
辽冠 2 号	插穗生根数	15	38	92	113	94
	根系数量/插穗	2.1	2.8	3.2	5.1	3.6
	根系长度(cm)	1.65	1.74	2.93	4.82	3.63
	生根率(%)	10.0	25.3	61.3	75.3	62.7
辽冠 4 号	插穗生根数	16	50	84	112	87
	根系数量/插穗	1.8	2.1	3.6	4.7	3.4
	根系长度(cm)	1.89	1.74	2.93	3.62	3.08
	生根率(%)	10.7	33.3	56.0	74.7	58.0
辽冠 5 号	插穗生根数	20	51	92	123	101
	根系数量/插穗	2.2	2.8	3.9	5.1	4.2
	根系长度(cm)	1.93	2.16	3.43	4.18	3.72
	生根率(%)	13.3	34.0	61.3	82.0	67.3
辽冠 6 号	插穗生根数	18	52	96	122	94
	根系数量/插穗	1.8	2.2	3.1	4.6	3.9
	根系长度(cm)	1.34	1.73	2.65	3.71	3.21
	生根率(%)	12.0	34.7	64.0	81.3	62.7

③黄化处理后 80 天，不同浓度 IBA 处理 5 个文冠果优良种质嫩枝插穗的生根率见表 2-2。

表 2-2　文冠果黄化处理 80 天嫩枝插穗生根情况

优良种质	IBA 浓度（mg/L）	0	1 000	3 000	5 000	7 000
辽冠 1 号	插穗生根数	18	48	83	125	106
	根系数量/插穗	2.2	3.3	4.1	5.8	3.9
	根系长度（cm）	1.67	2.84	3.39	4.17	3.08
	生根率（%）	12.0	32.0	55.3	83.3	70.7
辽冠 2 号	插穗生根数	17	43	96	123	102
	根系数量/插穗	1.9	3.1	3.8	5.8	4.6
	根系长度（cm）	1.72	2.46	3.27	3.92	3.31
	生根率（%）	11.3	28.7	64.0	82.0	68.0
辽冠 4 号	插穗生根数	18	54	93	130	93
	根系数量/插穗	2.6	3.7	4.5	6.1	4.1
	根系长度（cm）	1.89	2.93	3.62	4.98	3.14
	生根率（%）	12.0	36.0	59.3	86.7	62.0
辽冠 5 号	插穗生根数	22	54	96	128	104
	根系数量/插穗	2.2	3.1	3.6	4.9	3.8
	根系长度（cm）	1.38	1.72	2.82	3.43	3.07
	生根率（%）	14.7	36.0	64.0	85.3	69.3
辽冠 6 号	插穗生根数	22	58	99	126	97
	根系数量/插穗	2.1	2.8	3.2	4.7	3.6
	根系长度（cm）	1.64	1.92	2.76	3.15	2.93
	生根率（%）	14.7	38.7	66.0	84.0	64.7

④黄化处理后 90 天，不同浓度 IBA 处理 5 个文冠果优良种质嫩枝插穗的生根率见表 2-3。

表 2-3　文冠果黄化处理 90 天嫩枝插穗生根和成苗情况

优良种质	IBA 浓度（mg/L）	0	1 000	3 000	5 000	7 000
辽冠 1 号	插穗生根数	17	46	81	122	104
	根系数量／插穗	1.8	2.1	4.1	5.7	3.8
	根系长度（cm）	1.33	1.29	2.34	4.86	3.62
	生根率(%)	11.3	30.7	54.0	81.3	69.3
辽冠 2 号	插穗生根数	16	39	88	124	100
	根系数量／插穗	1.9	2.3	3.2	6.2	4.1
	根系长度（cm）	1.23	1.67	3.13	3.98	3.62
	生根率(%)	10.7	26.0	58.7	82.6	66.7
辽冠 4 号	插穗生根数	22	54	93	120	96
	根系数量／插穗	2.3	2.6	5.1	6.1	4.9
	根系长度（cm）	1.71	1.92	3.67	5.26	2.82
	生根率(%)	14.7	36.0	62.0	80.0	64.0
辽冠 5 号	插穗生根数	20	51	94	119	89
	根系数量／插穗	1.6	2.6	3.5	3.9	3.8
	根系长度（cm）	1.21	1.67	2.33	3.17	2.91
	生根率(%)	26.7	34.0	62.7	79.3	59.3
辽冠 6 号	插穗生根数	23	49	97	123	92
	根系数量／插穗	2.1	3.1	3.6	5.6	3.4
	根系长度（cm）	1.78	2.25	2.78	4.18	3.23
	生根率(%)	15.3	32.7	64.7	82.0	61.3

（6）不同黄化处理后的嫩枝插穗，分别在扦插后的 110 天采用简易塑料大棚进行加温延长生长期处理。

①扦插 110 天后，在插床上建简易塑料大棚，棚宽为插床宽度，大棚中间的高度为 2.5 米，边高为 1 米。

②插床建完简易大棚后，全光照喷雾系统仍然存在且可正常工作，但进入冬季后停止喷水，第二年的早春，根据气温情况开始喷水管理。

（7）扦插 280 天后，统计插穗的成苗率。

①不同黄化处理嫩枝插穗在扦插 280 天后，分别统计成苗情况，包括处理每个 IBA 浓度插床内 50 个插穗（3 个重复、每个重复插穗数量为 50）的成苗情况、苗高和地径，统计成苗率，求三次重复的平均值。

②黄化处理 70 天后，IBA 浓度 5 000mg/L 处理插穗的成苗率最高（表 2-4），辽冠 1 号达 64.0%，辽冠 2 号达 76.7%、辽

表 2-4　黄化处理 70 天后嫩枝插穗成苗情况

优良种质	IBA 浓度（mg/L）	0	1 000	3 000	5 000	7 000
辽冠 1 号	成苗数	10	32	77	96	82
	苗高（cm）	53.4	57.1	55.4	59.3	56.7
	地径（cm）	0.48	0.52	0.49	0.62	0.52
	成苗率（%）	6.7	21.3	51.3	64.0	54.7
辽冠 2 号	成苗数	16	37	90	115	92
	苗高（cm）	51.8	55.9	58.2	62.1	57.3
	地径（cm）	0.46	0.54	0.49	0.61	0.52
	成苗率（%）	10.7	24.7	60.0	76.7	61.3

续表

优良种质	IBA 浓度（mg/L）	0	1 000	3 000	5 000	7 000
辽冠4号	成苗数	15	49	82	114	83
	苗高（cm）	54.1	58.2	58.2	60.6	56.4
	地径（cm）	0.49	0.53	0.51	0.62	0.53
	成苗率（%）	10.0	32.7	54.7	76.0	55.3
辽冠5号	成苗数	20	51	92	123	101
	苗高（cm）	51.2	57.4	55.1	58.6	53.9
	地径（cm）	0.43	0.48	0.52	0.57	0.50
	成苗率（%）	13.3	34.0	61.3	82.0	67.3
辽冠6号	成苗数	17	53	97	120	93
	苗高（cm）	51.3	50.5	54.8	59.2	55.6
	地径（cm）	0.42	0.47	0.51	0.49	0.51
	成苗率（%）	11.3	35.3	64.7	80.0	62.0

冠4号达76.0%、辽冠5号达82.0%、辽冠6号达80.0%。

③黄化处理80天后，5 000mg/L IBA 处理嫩枝插穗的成苗率最高（表2-5），辽冠1号达82.0%，辽冠2号达83.3%、辽冠4号达88.7%、辽冠5号达82.7%、辽冠6号达82.7%。不仅成苗率都在82.0%以上，且苗高都在59.0厘米以上，地径在0.51厘米以上，当年春季即可出圃。

④黄化处理90天后，5 000mg/L IBA 处理嫩枝插穗的成苗率最高（表2-6），辽冠1号达80.0%，辽冠2号达85.3%、辽冠4号达77.3%、辽冠5号达75.3%、辽冠6号达83.3%。

表 2-5 黄化处理 80 天后嫩枝插穗成苗情况

优良种质	IBA 浓度(mg/L)	0	1 000	3 000	5 000	7 000
辽冠 1 号	成苗数	16	47	80	123	107
	苗高	56.1	58.2	60.1	62.8	58.6
	地径	0.50	0.53	0.53	0.51	0.49
	成苗率	10.7	31.3	53.3	82.0	71.3
辽冠 2 号	成苗数	15	45	94	125	101
	苗高	54.1	53.2	55.6	59.3	54.1
	地径	0.49	0.51	0.48	0.53	0.52
	成苗率	10.0	30.0	62.7	83.3	67.3
辽冠 4 号	成苗数	19	55	92	133	91
	苗高	56.3	55.4	58.7	64.7	55.2
	地径	0.49	0.51	0.49	0.53	0.51
	成苗率	12.7	36.7	61.3	88.7	60.7
辽冠 5 号	成苗数	20	51	93	124	102
	苗高	53.1	52.8	54.9	59.6	55.2
	地径	0.48	0.51	0.49	0.53	0.51
	成苗率	13.3	34.0	62.0	82.7	68.0
辽冠 6 号	成苗数	21	59	102	124	95
	苗高	53.6	57.4	59.3	60.2	58.5
	地径	0.52	0.56	0.51	0.56	0.54
	成苗率	14.0	39.3	68.0	82.7	63.3

表 2-6 黄化处理 90 天后嫩枝插穗成苗情况

优良种质	IBA 浓度（mg/L）	0	1 000	3 000	5 000	7 000
辽冠 1 号	成苗数	16	44	83	120	103
	苗高	49.2	51.3	52.6	57.4	54.6
	地径	0.46	0.48	0.52	0.49	0.53
	成苗率	10.7	29.3	55.3	80.0	68.7
辽冠 2 号	成苗数	15	36	92	128	97
	苗高	48.3	50.6	53.2	58.6	54.9
	地径	0.47	0.51	0.49	0.52	0.51
	成苗率	10.0	24.0	61.3	85.3	64.7
辽冠 4 号	成苗数	19	56	88	116	92
	苗高	51.6	54.9	53.8	59.5	55.3
	地径	0.49	0.53	0.61	0.64	0.56
	成苗率	12.7	37.3	58.7	77.3	61.3
辽冠 5 号	成苗数	18	49	91	113	82
	苗高	50.6	53.3	59.2	62.8	58.1
	地径	0.48	0.52	0.54	0.57	0.55
	成苗率	12.0	32.7	60.7	75.3	54.7
辽冠 6 号	成苗数	22	47	96	125	90
	苗高	51.4	53.7	57.6	61.2	58.5
	地径	0.49	0.52	0.53	0.58	0.56
	成苗率	14.7	31.3	64.0	83.3	60.0

综上所述，本技术通过黄化处理文冠果优良种质，再利用不同浓度的 IBA 处理黄化嫩枝插穗；全光照喷雾插床上培养管

理促进插穗生根；扦插后 110 天左右，采用简易大棚加温延长生长期。根据扦插 90 天的生根率及 280 天后的成苗率确定最佳黄化处理天数为 80 天、插穗处理的 IBA 浓度 5 000mg/L 为最佳，嫩枝插穗生根率和成苗率分别达 86.7% 和 88.7%，极大地提高了文冠果嫩枝扦插生根率和成苗率。本技术提供了一种促进文冠果嫩枝扦插生根和成苗的方法，有效地提高了文冠果嫩枝扦插的生根率和成苗率，可为优良文冠果种质的无性繁殖提供高效可靠的方法。

第三节　文冠果嫩芽嫁接育苗技术

文冠果嫁接苗繁育过程中砧木苗培育、嫁接苗培育和嫁接苗出圃的相关内容。

1. 术语与定义

丁字形皮芽接：将削成盾状的芽片，嵌入切成丁字形切口的砧木上。

嫁接苗：某一品种的芽接到另一文冠果砧木的主干上，接口愈合后长成的苗木。

2. 砧木苗培育

（1）育苗地选择

选择土地肥沃疏松、排灌水方便，通风良好，交通方便的地块作为育苗地。土壤的土层厚度 40 厘米以上、不可重茬，土壤呈中性或微碱性，盐度高于 0.3% 的盐碱地不宜选择作为文冠果育苗地。

（2）采种

选择籽粒饱满、大小均匀、完全成熟的当年优质种子作为砧木苗培育的用种。

（3）整地、起垄和覆膜

整地。育苗的前一年秋季深耕，667 平方米施入优质农家肥 1000 公斤，多元长效复合肥 30 公斤，撒于地面后翻入土中，犁深 25 厘米。施肥量，根据土壤肥力情况而定，控制氮肥施用量，以免造成苗木扭曲倒伏现象。平整育苗地，过大土块应打碎，去除石块。

起垄和覆膜。用拖拉机起垄、覆膜，铺滴灌管，垄距 90~100 厘米。地膜选择宽度 110 厘米黑色质地优良的膜。

（4）播种

砧木苗培育的适宜播种时间为 10 月上旬至 11 月上旬。每 667 平方米用种量 30~35 公斤。播种时采用大垄双行，大行距 60 厘米，小行距 30 厘米，株距 8 厘米播种。地膜覆盖的垄宽 90 厘米，播种两行，行间距 30 厘米，垄间距 60 厘米。播种后，灌透水。人工在地膜上隔 2~3 米适当盖土，防止大风刮破地膜。

（5）田间管理

出苗管理：春季出苗时，个别苗芽未钻出地膜，需人工辅助。

中耕除草：种子发芽出土后，结合中耕，除行株间的杂草 2~3 次；苗高 30~40 厘米时，用单铧犁浅耕一次，起到疏松土壤、覆盖小草的作用。

3. 嫁接苗培育

（1）品种选择

选择适宜宁夏干旱半干旱生境生长的优质高稳产文冠果新品种和良种为采穗母树。

（2）接穗采集与贮藏

接穗采集：晚春或夏初（5月中下旬至6月5日前），于供嫁接品种树上采集当年生、长度10厘米以上、芽发育饱满、健康、无病虫害的穗条，并作好品种标记。

接穗贮藏：离苗圃地近的地方，可随接随采，剪下接穗后立刻剪掉叶片，留1厘米左右的叶柄，放入保温箱内保湿。距离嫁接地远的苗圃，采集接穗后放入保温箱内，上边盖好湿毛巾保湿，送到地点后，保存在1℃~5℃的冷库中，没有冷库的可放在地窖中或置于湿润环境中。

（3）切砧木

选择粗度0.3~1.0厘米的砧木苗，距地径4~5厘米光滑部位横切一刀，再在横切口中间向下纵切一刀，深达木质部，使两切口呈丁字形。

（4）削穗芽

丁字形三刀取芽法。在接穗上选一饱满芽，先在芽上方0.5厘米处横切一刀，深达木质部，接口长根据枝条的粗细而定，0.6~0.8厘米，再从横刀口处下方垂直点1.5厘米处向上左右各滚切一刀，与上边横刀口两边相遇，然后取下不带木质部的芽片。

（5）插穗芽和绑缚

用芽接刀后面的硬片，拨开砧木皮层，将芽片放入丁字形切口内，并向下推移，使芽片横切口与砧木横切口对齐。

绑缚：用 1.0~1.5 厘米宽，20 厘米长塑料条捆扎，将切口缠紧，系活扣，捆绑时将叶柄露在塑料外边。

（6）解绑、剪砧、除萌

嫁接后 15 天接芽已完全愈合，在接芽上方 0.5 厘米处剪砧，解除塑料条。接芽萌发后及时除萌，抹掉砧木上除接芽外的所有萌芽，抹到嫁接芽长大，萌芽不再出为止。解绑宜选择在阴天或晴天的早晚进行，并注意不要损伤嫁接芽。

4. 嫁接苗出圃

（1）嫁接苗分类

I 级苗：地径 0.7 厘米以上，苗高 70 厘米以上，树干通直，顶芽饱满，根系发达，侧根数 8 以上。

II 级苗：地径 0.50~0.69 厘米，苗高 50~69 厘米，树干通直，顶芽饱满，根系发达，侧根数 5 以上。

（2）嫁接苗出圃

I 级和 II 级苗直接出圃。起苗时用机械单铧犁起苗，尽量少伤根系。起苗后尽量缩短根系暴露时间。若当天不能完成栽植，剩余苗木最好临时假植以保护根系。苗木若需长距离运输，应尽快装车，装好后用防雨布盖严绑好，以防风保湿，随栽随取。运到地点后来不及栽植的，进行假植。

5. 春末夏初嫩芽嫁接效果

5 月中下旬至 6 月初，嫁接成活率高，当年秋季即可成苗，成苗率在 95% 以上（图 2-4）。明显提高了嫁接成苗率；有效预防了风折对成苗的危害；嫩芽嫁接方法，优良品种的嫩芽多，解决了良种芽不足的难题；因为嫩芽来自春季萌发枝，

图 2-4　嫩芽嫁接成活率和成苗率高

枝茂芽多；相反，春季未萌动的芽不仅数量少，而且嫁接成苗率不高（成苗率在 50%左右）（图 2-5）。因芽量少且质量不高，存在单芽或 2~3 个未萌动的芽进行嫁接育成一株苗，优良品种未萌动芽常常数量不足。同时，这样嫁接的苗木易受风折影响，影响成苗率。

图 2-5　春季未萌动芽嫁接的成活率低

第三章 文冠果建园和丰产栽培管理技术

第一节 文冠果建园技术

一、文冠果园地选择和规划

1. 园地选择

文冠果适应性很广，我国三北地区都能种植，适宜的土壤有黑垆土、黄绵土、褐土、栗钙土、风沙土等，土层最好在50厘米以上，坡度在25度左右。山地坡度大的修成水平梯田，便于管理，不宜选择排水不良的低洼地、土层过薄的多石地。根据自然环境因地制宜，把林地划分为若干作业区，大则500~1 000亩，小则100~200亩，园区内留好主干路和田间作业道。主干路6米，田间作业道4.5米，设计好排水和灌溉系统，并在园区栽植防风林，栽植时高、中、低树种搭配。文冠果树春季前期生长特别旺盛，枝条半木质化时期非常容易风折，直接影响树的快速成型。因此，防风是必不可少的。

2. 整地设计规则

坡地栽植造林应沿等高线进行，按"品"字形排列。

造林地种植穴外的原有植被尽量保留。造林地外缘塌毁处须修复牢固以防发生水土流失。

平地的造林地内缘应开竹节沟（深 25~30 厘米，宽 20~25 厘米），以利排水防止雨季集水造成苗木死亡。

二、苗木的栽植

1. 苗木的选择

文冠果苗木标准：I 级苗，苗高 70 厘米以上，地径 0.7 厘米以上；II 级苗：苗高 50~69 厘米，地径 0.50~0.69 厘米；III 级苗：苗高 50 厘米以下，地径 0.49 厘米以下。栽植时优选 I 级苗，I 级苗不足可补选 II 级苗，不选用 III 级苗。苗龄方面，可选择 1~3 年生 I 级或 II 级苗。

首先，一定要选择优良品种的嫁接苗或组培苗，配植好授粉树，优树的标准是：① 种子产量高且连年丰产，树冠投影面积每平方米产种子 0.25 公斤。② 种子品质好，果实出子率在 40% 以上，种子出仁率在 50% 以上，种仁出油率在 60% 以上。③ 树形开展，树势中上，短枝结果，树体结构分布合理，果台枝在 3 个以内。④ 抗逆性强（主要指抗病虫害）。

图 3-1　文冠果优质苗木

2. 株行距选择

文冠果是落叶乔木，在栽培过程中，树体大小比较好控制，为了提高土地利用率，便于田间管理，提倡矮化密植栽培，单位面积产量高、丰产速度快，是文冠果丰产的必要措施。

根据吴忠市嘉誉农林科技有限公司、大连民族大学和辽宁文冠实业开发有限公司文冠果基地的多年经验，确定了最佳栽培模式：排水良好的平肥地和山区的水平梯田，实行大垄双行栽植，大行距 4.5 米，小行距 2 米，株距 1.5 米，也就是 4.5 米×1.5 米~2 米×1.5 米，每亩 136 株。

坡度较大的山坡地，修成梯田，适合单行栽植，行距 3 米，株距 2 米（图 3–2），每隔 2 行树留个 4.5 米宽的行间作业道，便于车辆行走，便于运输、采摘、打药等作业，4.5 米 × 2 米~3 米 × 2 米，每亩 89 株。

图 3–2　文冠果株行距

3. 规模化示范园设计

对建设新型木本油料文冠果种植示范园，规划可以按照"林田路沟渠统一规划，旱涝盐碱综合治理"原则进行规划设计，要求统一规划设计，形成一定的规模，做到田成方、树成网、路成线、渠沟成行，形成规模化的生态经济型木本油料文冠果的科学发展体系。

"窄林带、小网格、疏透结构，长方形断面"是木本油料文冠果种植示范园的科学发展趋势。因此，示范园的设计要规范化、标准化。如果网格过大，起不到良好的生态经济效果，也不利于发挥木本油料文冠果种植示范基地要求的综合型生态经济效益优势。

4. 文冠果定植

挖定植坑，一般要求 60 厘米×60 厘米，挖时上面熟土放一边，下面生土放在另一边，回填时先填熟土，后填生土，最好配合有机肥和多元素复合肥回填，根据苗木根系的大小，留好填回坑上边栽植的深浅度，栽植前将苗的根部用生根剂沾根，增加新根的生长速度和数量。栽苗时一人拿好苗放在挖好的坑中间，扶正，另外一人取地表土熟土埋在树苗根上。小心不要把树苗压歪，使土和根密切接触。埋土分三次进行，第一次多放土，放土后将树苗往上提一提，有利于根系舒展，提完后第二次填土踩实，第三次填土再踩实（老百姓叫三埋两踩一提苗）。苗木栽植深度以苗期树干与地平面交界为准，不要栽得过深，影响小树的发育导致烂根。

春季造林在土壤解冻后萌芽前进行，随起苗随栽植。株行距 2 米×3 米。采取穴状整地栽植，穴长、宽各 40 厘米，穴深40 厘米，每穴施腐熟的底肥 3 公斤，并与土混合均匀。起苗时切忌伤根，栽植时要扶正苗木，并使根系舒展。苗的根基部要露在地表外 1~2 厘米，给苗木培土时不能高于根基部。培土后踏实，修好水盘，及时浇水、覆土。

起苗时既要多带根土，又要注意根系出土后的完好无损；当日起苗应于当日栽完，若有剩余苗木务必尽快假植（图3-3）；运苗时要避免风吹日晒，保持苗根湿润。

图3-3 当天不能完成栽植的苗木应假植

5.栽后管理

文冠果栽完后浇足水，地表土干后松土保墒，如果栽后不下雨，根据墒情而定，15天左右浇两遍水，浇后继续松土保墒，及时铲除树下杂草，防止与树苗争水争肥，注意病虫害防治。

宁夏冬季寒冷干旱不适合秋栽，如果想要秋栽必须搞好防寒措施，避免抽条。秋栽的解决办法是栽后在土地封冻前，将树干剪留10厘米，用土埋好，等第二年春解冻后再把土扒掉，当年选一壮芽向上生长，第二年定干整形（这种栽法，因为秋栽有利于根系的快速恢复生长，春季留一芽生长养分集中供给，长势旺，第二年有比春栽生长速度快的趋势）。

文冠果小树冬季非常容易被兔子啃食，所以落叶后，给小树捆草，把二年生以上的进行涂白，涂白剂里放石硫合剂或气味大点儿的农药，既杀虫、杀菌，还能防止兔子啃食。

第二节　文冠果高异交传粉配置格局的丰产营林技术

文冠果花为雌雄同株，雄花的雌蕊退化，雌花的花粉囊不开裂。文冠果坐果率非常低，通常小于5%，在果树中罕见，故称"千花一果"，其主要原因是文冠果存在自交不亲和的现象。技术人员进行控制授粉试验，结果表明，文冠果自交结实率为零、同株异花授粉结实率为2.79%、开放授粉结实率为9.47%、异花授粉结实率为17.97%。文冠果花大而多，昆虫传粉易造成同花自交授粉和同株异花授粉。

为解决"千花一果"问题，我国学者在文冠果传粉（田英等，2013）、开花结实（郭冬梅等，2013）、落花落果（柴春山等，2012）、雄花雌蕊败育、雌花雄性不育的蛋白和基因表达、激素调控花性别与保花保果（汪智军等，2013）、优良无性系选择等方面开展了大量研究，并取得了一定进展，如文冠1号、文冠2号、文冠3号、文冠4号、中淳1号和中淳2号等优良品种的选育。但未见利用Nei氏遗传距离与花粉流设计高异交传粉配置格局的丰产营林技术的相关报道。

一、分子设计方法

针对上述问题，以不同文冠果种质为材料，根据不同种质间的 Nei 氏遗传距离设计不同的授粉组合，并根据不同授粉组合的结实率和坐果率优选出最适种质组合，再以高异交传粉配置格局设计营造丰产林，实现文冠果产量提高，为文冠果产业提供技术依托。

1. 文冠果丰产营林的分子设计方法

（1）选择不同文冠果种质，分别提取其 DNA（改良 CTAB 法）。

（2）筛选适用于文冠果的 SSR 标记引物。

（3）利用筛选出的 SSR 标记引物，计算不同文冠果种质间的 Nei 氏遗传距离。

（4）将 Nei 氏遗传距离划分为 8 个级别，在每个级别内，以不同文冠果种质互为授粉树，设计不同的授粉组合，分别进行人工授粉。

（5）在人工授粉后的第 20 天统计并计算结实率，第 60 天统计并计算坐果率；得到配合力最佳的文冠果种质。

（6）以步骤（5）得到的配合力最佳的文冠果种质为材料，设计文冠果丰产营林模式。

2. 筛选 SSR 标记引物的方法

（1）利用 RNA-Seq 技术开发文冠果的 SSR 标记序列。

（2）采用 Primer Premier 5.0 软件设计特异引物。参数为引物长度（20~24nt）、3′端稳定性（-6.0~-9.0kal/mol）、引物 Tm 值（55~60℃）、GC 含量（45%~55%）、引物 rating 值>90。以

不同文冠果种质的 DNA 为模板，进行 PCR 扩增，根据聚丙烯酰胺垂直凝胶电泳结果，筛选出 SSR 标记引物。

文冠果丰产营林模式，文冠果的株行距为 1 米×1.5 米，种质组合间的 Nei 氏遗传距离范围为 0.36~0.40。

根据利用 SSR 标记检测不同文冠果种质间的 Nei 氏遗传距离选配出最合适的授粉组合：Nei 氏遗传距离为 0.36~0.40 的种质授粉组合为最佳，异交授粉的结实率和坐果率分别达 85%和 63%以上，以高异交传粉配置格局成功实现文冠果丰产营林模式，为我国大面积建设文冠果生态经济林，发展文冠果产业提供了丰产营林的技术基础。

二、技术实施效果

（1）本技术的分子识别方法操作简单，易推广扩大使用。

（2）使用本技术方法提供的分子识别方法，筛选出 Nei 氏遗传距离范围 0.36~0.40 的授粉组合为最佳，异交授粉的结实率和坐果率分别达 85%和 63%以上，极大地提高了文冠果的结实率和坐果率，解决了文冠果千花一果的问题。

（3）本技术提供文冠果丰产营林模式，为我国大面积建设文冠果生态经济林，发展文冠果产业提供了丰产营林的技术基础。

三、技术实施实例

下面结合实施实例对本技术做进一步的说明，但这不限制本技术的范围。实例以阜蒙和通辽文冠果种质基地的 6 个文冠果品种和 50 个文冠果优良无性系为材料。文冠果品种分别为文冠 1 号、文冠 2 号、文冠 3 号、文冠 4 号、中淳 1 号和中淳 2 号；优良无性系分别为 FM1、FM2、FM4、FM5、FM6、FM7、FM8、FM10、FM12、FM13、FM14、FM15、FM16、FM17、FM19、FM21、FM22、FM23、FM24、FM25、FM26、FM27、FM28、FM29、FM33、FM36、FM37、FM40、FM41、FM43、FM48、FM50。NaAc 溶液的浓度为 3mol/L，pH 值为 5.2。

1. 选择最佳的文冠果授粉组合

（1）以 6 个文冠果品种和 50 个文冠果优良无性系为材料，利用改良 CTAB 方法分别提取其 DNA。

①将文冠果叶片 10 克放入研钵，倒入适量液氮研磨后，移入预先加有 700μL 2×CTAB 的离心管中，置于 65℃水浴处理 45~60min，离心（4℃，1 000rpm，10min）得上清液Ⅰ。

②取步骤①离心管中上清液Ⅰ 600μL 于新离心管中，加入总体积为 600μL 的酚、氯仿和异戊醇混合液（体积比为 25∶24∶1），摇匀后离心（4℃，1 000rpm，10min）得上清液Ⅱ。

③取上清液Ⅱ 550μL 于离心管中，加入 500μL 10×CTAB，摇匀后置于 65℃水浴中溶解 2~3min，再加入总体积为 50mL 的酚∶氯仿∶异戊醇混合液（体积比为 25∶24∶1），摇匀后离心（4℃，1 000rpm，10min），得上清液Ⅲ。

④取上清液Ⅲ加入其体积 2 倍的无水乙醇，再加入其体积 1/10 的 NaAc 溶液，静置 2 小时以上，得沉淀物。

⑤将步骤④所得沉淀物洗涤后烘干，烘干温度为 37℃，时间为 8~10min。

⑥将步骤⑤烘干后的沉淀物溶解后常温静置 2 小时，即得文冠果 DNA 样品。

（2）以文冠果叶片为材料，以公知任意一种方法提取其RNA，并采用 RNA-Seq 技术进行 RNA 测序，然后根据序列搜索简单重复序列，共检测到 10 652 个 SSR 标记序列。

（3）采用 Primer Premier 5.0 软件设计特异引物，参数为引物长度（20nt~24nt）、3′端稳定性（-6.0kal/mol~-9.0kal/mol）、引物 Tm 值（55℃~60℃）、GC 含量（45%~55%）、引物 rating 值>90。以 2 个不同文冠果种质的 DNA 为模板，进行 PCR 扩增，根据聚丙烯酰胺垂直凝胶电泳结果，选取能扩增出条带、条带清晰，且有多态性的引物对，共筛选出 32 对 SSR 标记引物，见表 3-1。

表 3-1　文冠果 Nei 遗传距离检测的 32 对 SSR 标记引物

位点名称	引物序列(5′-3′)	退火温度/℃
XS1	F:TTAGTTCGGTTAGGTGTCATCGT; R:TTTTCTTCTGATCACTCTCAGTGG	58.4
XS2	F:GTGTCATGTGTATTGCTCGTCTC; R:TCCTGAATAAGTTGGCTCAAATC	60.2
XS3	F:GCAGGACAAACCATAACAAGTCT; R:CAGAAAAGCTTGGAGCTAAGACA	57.8
XS4	F:AAACTAAGCCAAACTTTCGATCC; R:ATGAAGCAGAAGAAGAAGCAGAC	56.6
XS5	F:CTTGAAGGTTCAATGGGATGA; R:TGGTGTAGGTAAAACAGGTGGTC	56.1
XS7	F:AAACGGATGATGTGGATTCTAAG; R:TCAGACTTCTTCTGGCTTTCATC	56.6
XS8	F:AAGGAACCATTTGAAATCTCCAC; ATCACCTTCTGCTGCTGAGACT	56.9
XS9	F:CTCTGACGTATAGTCGAGCCTGT; R:CAGTTGAATACCTTTGGCAACAT	60.7

续表

位点名称	引物序列(5′–3′)	退火温度/℃
XS10	F:GAAACCAAGAACTGGTTTGAGAT； R:CAGCAGATCATTCACAATGCTAC	58.4
XS13	F:CTCTTGAACCTCCACAGTTTCTG； R:GCTGAAATGAAGACAAGGAGAGA	60.2
XS14	F:TCTTGCTCCACTGTACTCACAGA； R:TCAATCCTCTGGACTTTAACTGC	58.4
XS15	F:TCAGACCCAAACAGATCTCTATCA； R:GAGGAGAAGAGAACGGAGAAGAG	62.0
XS20	F:GCTGCTTATCAGCTACCGTGT； R:ATCTACACCAGATCGCTCATCTC	56.6
XS21	F:TGAGAGAGTTTGGACTTGGAGAT； R:CGATTGAATCTGTGATGCTGTAG	56.6
XS22	F:TGAATCAAACAACCAGATTTGTG； R:CATTCTCCACATAAACATCAGCA	54.8
XS25	F:CGTGGTGTTGTGTCTATGTGAGT； R:AAATTTCTCTGATTGATTCCTCG	60.2
XS26	F:AACTGTTAATCCAGTCGTTTCCA； R:AATCCACAGTGTCCTTATCGTGT	56.6
XS27	F:TCTGAAATGCAAACCTGCTAGAC； R:CTGAAATTGTGAAGCAATCACTG	58.4
XS28	F:AGACCAATGCCAAACATACTACG； R:GTGTTTAACCCGAAACACAACAG	58.4
XS29	F:CTGTTCTTGACAGTTTGACAACG； R:TGCAACAACCACATCACATCTAT	58.4
XS30	F:GGAGTGACAATGGAGCTGACTAC； R:AAGCACTTCTACAGCCAAACACT	62.0
XS53	F:GTTGATTGTAGCTTCTCATGGCT； R:TGGGTGGGTTATTAGTTGTTGTC	58.4

续表

位点名称	引物序列(5′–3′)	退火温度/℃
XS54	F:GCTACAGCTACAGCTACAACAGC; R:TTGTCTATTGATTGCGATGAGTG	62.0
XS55	F:ATATTATGTTGGTGGGAATGGTG; R:AGCCAATGGTTGCTAATATCACT	56.6
XS56	F:ATTCATGTAATGGAGAAGCCAGA; R:CCTCCTATATGCTACTGCTGCTG	61.0
XS57	F:GACACCCATTTCTCAAACCAATA; R:TCTCCTGATCTCCAGTGAGATGT	56.6
XS58	F:GTTGCTTTCAAGTCATCTCTCTC; R:AGCAATGCAAAGCAACAGC	58.4
XS80	F:CCATAATTTACTCCTCCGGACAT; R:GGGTACCCTTCAACGTTGTTAC	60.1
XS81	F:AAACCAAAGAAGTTGTAGCAGCA; R:GCTCTTCAGATTTCACTTCCTCA	56.6
XS89	F:GACGTGAACAAGAAGAAGTTGGT; R:GGAAACTCACACGTCTCTGATCT	58.4
XS90	F:TGTCTTTGTTAACATTGCTGCTG; R:TCTCAAGTTAATGGCTCTTCCTG	56.6
XS91	F:ACCGTGACTTGCATATGGATTAT; R:ACAGTTGAGATCAGTGGAACTGC	56.6

（4）利用步骤（3）筛选出的32对SSR标记引物分别对步骤（1）提取得到的文冠果DNA进行PCR扩增，扩增产物利用8%聚丙烯酰胺凝胶垂直电泳检测。

（5）以电泳检测结果条带的有无进行计数，有记为"1"，无记为"0"，利用NTYsys2.0软件计算Nei氏遗传距离。

（6）将Nei氏遗传距离分为8个级别范围，分别为0.20~

0.25、0.26~0.30、0.31~0.35、0.36~0.40、0.41~0.45、0.46~0.50、0.51~0.55 和 0.56~0.60。在每个 Nei 氏遗传距离级别内，以 2 个不同文冠果种质互为授粉树，设计 7 个授粉组合，如下表 3-2；每个授粉组合采用人工异交授粉处理，每个组合处理 200 朵花。

（7）对不同的授粉处理，分别在人工授粉处理后的第 20 天统计结实率（结实率=果实数/授粉处理花数×100%），第 60 天统计坐果率（坐果率=坐果数/结实数×100%），结果见表 3-2。

表 3-2　不同授粉组合的结实率和坐果率

| Nei 氏遗传距离 | | 授粉组合 | | 结实率 | 坐果率 |
级别	数值	母株	异交花粉	（%）	（%）
	0.218	文冠 1 号	FM43	13.8	9.7
	0.247	文冠 2 号	FM28	22.4	12.1
	0.226	FM16	FM31	19.6	11.6
0.20~0.25	0.234	FM23	FM8	17.2	8.2
	0.232	FM7	FM24	42.1	19.3
	0.213	FM12	FM11	48.2	20.5
	0.206	FM33	FM9	39.7	24.6
	0.297	文冠 3 号	FM27	41.8	28.7
	0.254	FM4	FM33	42.5	35.1
0.26~0.30	0.268	FM28	FM22	39.6	24.6
	0.274	FM21	FM8	49.3	27.2
	0.281	文冠 4 号	FM47	42.1	19.3

续表

Nei 氏遗传距离		授粉组合		结实率	坐果率
级别	数值	母株	异交花粉	（%）	（%）
0.26~0.30	0.253	FM29	FM1	48.2	22.5
	0.276	FM36	FM22	39.7	24.6
0.31~0.35	0.319	FM37	FM9	71.6	62.4
	0.347	FM48	FM21	78.9	63.7
	0.325	FM2	FM18	82.3	50.9
	0.334	FM13	FM15	75.2	53.7
	0.347	FM24	FM32	77.9	60.8
	0.321	FM15	FM2	80.1	58.7
	0.336	FM41	FM4	68.7	54.8
0.36~0.40	0.378	中淳 1 号	FM23	91.5	70.3
	0.369	中淳 2 号	FM6	88.4	68.1
	0.393	FM23	FM19	90.4	66.1
	0.354	FM26	FM37	85.3	64.4
	0.353	FM19	FM26	87.9	65.2
	0.397	FM37	FM7	92.6	69.6
	0.359	FM27	FM38	88.5	63.2
0.41~0.45	0.403	FM10	FM27	83.4	51.8
	0.447	FM33	FM3	78.9	49.6
	0.413	FM28	FM12	82.4	58.6
	0.424	FM14	FM17	77.6	50.6
	0.441	FM13	FM22	81.5	60.9

续表

Nei 氏遗传距离		授粉组合		结实率	坐果率
级别	数值	母株	异交花粉	（%）	（%）
0.41~0.45	0.435	FM27	FM43	73.1	48.9
	0.426	FM22	FM4	69.8	47.2
0.46~0.50	0.487	FM43	FM9	68.4	39.2
	0.453	FM25	FM20	59.5	38.3
	0.476	FM28	FM13	60.3	41.9
	0.468	FM29	FM24	55.9	37.3
	0.483	FM22	FM11	57.3	40.6
	0.472	FM6	FM3	64.8	41.7
	0.497	FM48	FM18	58.3	38.9
0.51~0.55	0.516	FM50	FM6	32.3	15.8
	0.547	FM1	FM9	38.4	13.2
	0.529	FM33	FM22	31.6	17.1
	0.536	FM27	FM28	39.8	21.5
	0.514	FM41	FM3	29.3	22.4
	0.548	FM40	FM28	34.7	16.3
	0.537	FM29	FM2	21.9	11.4
0.56~0.60	0.562	FM37	FM31	20.9	8.6
	0.583	FM8	FM29	18.3	5.7
	0.596	FM22	FM36	17.2	4.6
	0.581	FM33	FM12	21.5	5.3
	0.579	FM17	FM28	19.6	8.1
	0.558	FM21	FM18	28.7	11.2
	0.576	FM5	FM7	22.9	9.1

由表 3-2 知，Nei 氏遗传距离范围 0.36~0.40 的文冠果授粉组合为最佳，异交授粉的结实率和坐果率分别达 85% 和 63% 以上，极大地提高了文冠果的结实率和坐果率。

2. 检测文冠果自然栽培群体交配系统

在文冠果自然栽培群体中，选取 5 个样方，样方大小均在 2 亩以上，果实成熟期，每个样方内随机选取 40 个单株，每个单株距离在 10 米以上，收集单株果实。每个样方随机选择 30 个单株，对其种子进行混匀，随机选择其中的 25 粒种子用于 DNA 提取。

利用表 3-1 所示 32 对 SSR 标记引物，对 5 个样方内 125 个 DNA 样品进行 PCR 扩增；扩增产物利用 8% 聚丙烯酰胺凝胶垂直电泳检测；以条带有无进行计数，有记为 "1"，无记为 "0"。

利用 MLTR3.2 软件估算文冠果自然栽培群体单位点异交率（t_s）、多样点异交率（t_m）和双亲近交系数（$t_m - t_s$）、亲本近交系数（F）和多位点相关度（r_{pm}），见表 3-3。

表 3-3 文冠果自然栽培群体交配系统

群体	t_m	t_s	$t_m - t_s$	r_{pm}	F
1	0.986	0.967	0.019	0.053	0.008
2	0.973	0.954	0.019	0.141	0.023
3	0.968	0.957	0.011	0.089	0.017
4	0.969	0.948	0.021	0.067	0.009
5	0.980	0.972	0.008	0.094	0.026

由表 3-3 可知，文冠果自然栽培群体异交率较高，介于 0.968~0.986 之间。5 个文冠果群体的多位点异交率都高于单位点异交率，而且位点亲本相关度比较小，说明群体内不存在近交。同时，各群体单位点相关度与多位点相关度差值较小，表明群体内不存在亚结构。

3. 确定高异交传粉配置格局

宁夏吴忠市孙家滩国家农业科技示范园区文冠果种质基地内，在文冠果盛花期，选取不同株行距的文冠果样方，对文冠果的访花昆虫（图 3-4）、访花昆虫行为及其活动规律进行观测。在观察开花、散粉及访花者的访花频率的同时观测风力、记录天气情况，结果见表 3-4。

如表 3-4 所示，高异交传粉发生率的株行距为 1.0 米×1.5 米，株行距为 1 米×1.5 米的同一传粉者不同单株花间访花频率为 0.032 次/分，同株异花被同一传粉者访问频率为 0.007 次/分；株行距 2 米×4 米的同一传粉者不同单株花间访花频率仅为 0.005 次/分，同株异花被同一传粉者访问频率为 0.013 次/分。因此，早期密植有利用文冠果异交传粉发生，并降低同株异花授粉和自交传粉的发生。

图 3-4　文冠果传粉昆虫

表 3-4　不同株行距文冠果传粉者活动规律

株行距	单花被传粉者访问频率	传粉者飞行距离	同株异花被同一传粉者访问频率	同一传粉者不同单株花间访花频率
1 米×1 米	0.015 次/分	0.73 米	0.008 次/分	0.018 次/分
1.5 米×1 米	0.013 次/分	0.68 米	0.006 次/分	0.011 次/分
2 米×1 米	0.009 次/分	0.72 米	0.004 次/分	0.009 次/分
1 米×1.5 米	0.011 次/分	0.64 米	0.007 次/分	0.032 次/分
1.5 米×1.5 米	0.013 次/分	0.81 米	0.005 次/分	0.023 次/分
2 米×1.5 米	0.008 次/分	0.63 米	0.006 次/分	0.014 次/分
1 米×2 米	0.013 次/分	0.45 米	0.009 次/分	0.016 次/分
1.5 米×2 米	0.010 次/分	0.68 米	0.017 次/分	0.011 次/分
2 米×2 米	0.009 次/分	0.81 米	0.018 次/分	0.007 次/分
1 米×3 米	0.013 次/分	0.62 米	0.025 次/分	0.009 次/分
1.5 米×3 米	0.009 次/分	0.59 米	0.031 次/分	0.007 次/分
2 米×3 米	0.006 次/分	0.60 米	0.012 次/分	0.006 次/分
1 米×4 米	0.008 次/分	0.54 米	0.031 次/分	0.011 次/分
1.5 米×4 米	0.007 次/分	0.48 米	0.052 次/分	0.008 次/分
2 米×4 米	0.006 次/分	0.63 米	0.013 次/分	0.005 次/分

　　依据授粉组合及高异交传粉发生率的株行距，设计"优良无性系+高配合力+高异交传粉配置格局"的文冠果丰产营林模式（图 3-5）。在这种模式中，选择 Nei 氏遗传距离介于 0.36～0.40 之间的文冠果种质，人工异交结实率在 85%以上，坐果率

在 63%以上，设计株行距为 1 米×1.5 米，可有效增加异交传粉，实现文冠果产量提高，解决文冠果千花一果的问题。

①　②　①　②　①　②　①　②　…　…
③　④　③　④　③　④　③　④　…　…
①　②　①　②　①　②　①　②　…　…
③　④　③　④　③　④　③　④　…　…
①　②　①　②　①　②　①　②　…　…
③　④　③　④　③　④　③　④　…　…
①　②　①　②　①　②　①　②　…　…
③　④　③　④　③　④　③　④　…　…
①　②　①　②　①　②　①　②　…　…
③　④　③　④　③　④　③　④　…　…
①　②　①　②　①　②　①　②　…　…
③　④　③　④　③　④　③　④　…　…
①　②　①　②　①　②　①　②　…　…
③　④　③　④　③　④　③　④　…　…
①　②　①　②　①　②　①　②　…　…
③　④　③　④　③　④　③　④　…　…
①　②　①　②　①　②　①　②　…　…
③　④　③　④　③　④　③　④　…　…
①　②　①　②　①　②　①　②　…　…
③　④　③　④　③　④　③　④　…　…
①　②　①　②　①　②　①　②　…　…
③　④　③　④　③　④　③　④　…　…
…　…　…　…　…　…　…　…　…　…
…　…　…　…　…　…　…　…　…　…

图 3-5　文冠果格状异交传粉配置模式

图注：①、②、③和④为文冠果优良品种，花期一致，彼此间高异交亲和。

第三节 文冠果树形培育与修剪技术

一、文冠果树形培育

依据树的用途目的，可培育不同树形。以产果为目的，可培育分层形、开心形、半圆形树形。

培育树形最关键的年份是栽植后的第3~5年；如果栽后第一年发现树形不佳，倒或斜生长严重，可以进行离地5厘米截干复壮，截干后选取萌发最壮直立的一个主枝作为树形培育基干。

二、文冠果修剪的理论依据

文冠果定植后前三年是整形期，第一年是缓苗期，第二年是恢复期，第三年是旺长期。所以头两年不让幼树结果，修剪时把顶部的混合芽剪掉，不然顶部结果后将延长枝压弯，影响整形速度，第三年可少量结果。根据幼树的树形特点，宁夏吴忠市2月下旬，天转暖后开始修剪，萌芽前结束。最佳时期是清明左右，到达结果期的树，要在萌芽前20天结束修剪，有利于顶部混合芽的分化和完善。因为树液流动后，树体储存的养分随着顶端优势，输送到修剪后所留下的顶端枝芽内，可促进雌花芽的坐果能力，提高坐果率。

1. 文冠果生长与结果的关系

文冠果树势的强弱和结果的多少，决定于树的生长状态，要调解好文冠果树的生长关系，抑旺、促弱，达到中度健壮。调整好营养生长与生殖生长关系、地上与地下的生长平衡，树体生长才能稳定达到丰产的目的。

2. 光照和水分在文冠果生长过程中的作用

光是能源，水是树的血液。营养的转化过程，是土壤中的无机营养被根系吸收，经韧皮组织运送到叶片当中，叶片再从空气中吸收二氧化碳，经过太阳照射进行光合作用，转化成有机营养，供树体生长和开花结果。生产一个果实需要40~50片复叶，修剪时要考虑树体的水路畅通和光照条件调整，调解个体和群体结构。角度是光和水调解的钥匙，角度由小到大，树势由强变弱；角度由大到小，树势由弱变强。用角度来控制树势，调解光照，使更多的叶片接收到阳光，制造更多的营养，供树体生长和结果。

3. 文冠果树的生长优势和地上与地下生长的关系

利用树的垂直优势和顶端优势，调解树的上下和树冠内外平衡关系，因势利导发挥它的作用，促使地上与地下生长达到平衡。在修剪过程中，剪掉的枝条越多，促进树冠恢复势力就越强，所以幼树要轻剪缓放，去弱树要重剪更新复壮。

三、文冠果生长阶段和修剪方式

文冠果分春梢、秋梢生长阶段，也有少量的夏梢发生。春梢对果树前期生长起决定性作用，属于积累型枝条；秋梢是雨季来临后，树体生长过旺长出来的，不利于花芽分化，属于消耗型枝条；夏梢介于两者中间。春梢和夏梢停长后都能形成顶花芽，秋梢不能形成顶花芽开花结果。如何控制减弱秋梢生长势，是整形修剪的任务之一。首先对没结果的幼旺树，减少氮肥的施用量，雨季注意排水，对于长出来的秋梢进行反复摘心，控制长势，避免过多的养分消耗，使树体均衡生长。

文冠果的修剪主要就是短截和疏枝，短截越重，对树体助势越强，剪得越轻，对树体助势越弱。修剪对剪口上部有减势作用，对剪口下部有促进作用，只有运用适当才能达到理想的效果。

1. 冬剪与夏剪的作用

冬剪就是休眠季节的修剪。文冠果休眠后，树干和根系储存了大量的养分，相对来讲，树上与树下的生长是平衡的。这个时期修剪越重，来年春季新梢生长越旺；修剪越轻，生长越弱。夏剪则相反，因是带叶修剪，剪后不会造成旺长现象。根据树的实际情况和长势确定冬季和夏季的修剪量。对于幼旺树和初结果树，单靠冬剪往往会修剪过重，发枝过旺，形成花芽少，结果晚；夏剪对缓和树势，调解光照非常有利，通过抹芽、摘心、疏枝等手段，再配合冬剪，效果很好。发芽后修剪量越大，对树元气伤得越重，尽量减少叶片的损失，达到止旺、缓势、早成花、早结果。只有掌握树的生长规律和修剪作用，才能达到理想的效果。

2. 文冠果不同树形与整形修剪

株行距比较大的稀植园通常的树形是主干疏层形、自然开心形。矮化密植园一般采取多主枝主干半圆形，多主干丛壮形，圆柱形。

（1）主干疏层形

树体内外建立体结构，在修剪中，层间、大枝间，根据空间大小安排适当的结果枝组，定干高度70厘米，树高3~4米，多为2层，第一层3个主枝，第二层2个主枝，主枝间15~20厘米，层间距50~70厘米，定干后选出2~3个主枝，当年选不出3个主枝，第二年完成，其余枝条及时抹除，保证中心枝条生长优势，留出层间距50~70厘米后，在上边依次培养出第四、第五主枝后落头。优点是枝干高大，空间利用合理，立体结果，单株产量高。缺点是单位面积产量来得慢，整形需要时间长，采摘、打药、修剪不方便。

（2）自然开心形

第一年定干高度50~70厘米，在主干上培养3个主枝，主枝之间，上下间距15~20厘米，错落着生，呈120度角，主枝开张角度45~50度，主枝以外的其他枝选择2~3个做辅养枝，其余疏除。

第二年萌芽前对主枝短截，保留40~50厘米，如果第一年选不出第三主枝，继续培养，培养出三主枝后将中心干剪除，在各主枝上选留2~3个发育好的角度开张的新梢作为侧枝。

第三年继续完善侧枝的培养，第四年基本成形。优点是符合果树的自然生长特性，冠内光照好，结果面积大，树势强，骨架牢固，缺点是初期基本主枝少，早期产量低。

（3）多主枝主干半圆形

幼树当年栽植定干高度50~70厘米，分三年培养出5~6个永久性主枝。第一年培养出2个主枝，选择方位合适，角度开张，健壮新梢，培养成第一和第二主枝，主枝间的上下距离

15 厘米左右，错落着生，注意保持中心枝的生长优势，以便培养出后续主枝。在培养主枝过程中，可保留一部分临时辅养枝，保证树体的总体长势。第二年继续在中心干上培养 2 个主枝，与下部主枝合理错开，使下边 3 个主枝之间呈 120 度角，第四主枝留在对应的第一主枝与第二主枝之间。第三年再培养出第五或第六主枝，第五主枝留在第二和第三主枝之间，第六主枝留在第一主枝和第三主枝之间，保证上下主枝间的通风透光条件，第六主枝完成后落头。树体整形结束，逐步去掉多余的辅养枝。

（4）圆柱形

圆柱形整形和主干半圆形相似，但中心干上不培养主枝，而直接着生结果枝组，树高 2.5 米左右，冠径 1.2~1.5 米，枝条短，上下差异小，易于操作，便于机械化管理，适合矮化密植栽培。可高度密植，合理利用空间，立体结果。注意结果枝组的轮换更新，才能连年结果。

（5）多主枝灌丛形

植株由地径处 10 厘米分生 2~3 个主干，每个主干再错落有致地选留 3~4 个主枝，主枝之间调好位置和间距，株间距 2~3 米，形成带状。灌丛式密植树形，丰产效果好。也可直接在定植坑内栽 3 株树苗，按上述办法培养出主枝，提高整形速度。

四、文冠果三个生长时期的修剪

1. 初果期的修剪

以缓控为主，结合抹芽、剪顶等技术手段，促进混合芽的形成（剪顶就是果实成熟期进行，剪破顶芽），促进腋花芽结果，尽量多留壮枝，疏除内膛的枝条、下部的细弱枝、交叉枝、重叠枝，改善通风透光条件，严格控制长出秋梢的徒长枝，可将秋梢部分剪除，剪后再萌发进行抹芽处理，节约营养、平衡树势。

文冠果坐果低的主要原因是树体无用的细弱枝条过多，细羽枝条的无效叶片和雄花量就多，竞争养分，影响光照条件，造成满树是花，很少结果，这就是群众所说的"千花一果"。修剪从结果初期开始，打好基础，合理布局，调理好结构，改变生长状态，是文冠果修剪的必要手段。

2. 盛果期的修剪

原则是营养生长与生殖生长同步，调整通风透光条件，增加有效叶面积系数，注意枝组的轮流更新。对于结果枝顶部长出来的三叉枝，去弱留强，整体细弱的在多年生处重回缩，调整好结果枝与营养枝的比例，预防大小年的产生；下垂枝要及时回缩抬头。文冠果是旺枝结果，利用修剪手段，促发多生旺枝，才能保证产量。枝组的结果规律是缓放、结果、回缩。培养枝组的修剪手段有两种，一是先缓放、后结果、再回缩，二是先短截、后缓放、再结果。根据树体具体情况，灵活运用，防止结果部位迅速外移。通过修剪控制好树与树之间、枝与枝之间的距离，做到行间通透、枝组紧凑、立体结果。

3. 衰弱树的修剪

重剪更新，促发新枝。文冠果再生能力强，回缩后容易长出强壮枝条，获得新的结果枝组，更新复壮，延长经济结果寿命，过于衰老的树，可进行截干、平茬等措施，等长出新枝后，重新培养树形，继续结果。平茬高度 5~10 厘米，截干高度 50~60 厘米。平茬截干后注意保护好截断面，用创愈灵涂抹，有利于新枝的发生，及时抹除不需要的萌芽。注意平茬后，萌芽新梢生长非常旺盛，容易被风折断，需要立杆引绑，长到一定高度摘心发分枝，扩大树冠。

第四节　文冠果水肥管理技术

一、文冠果水管理技术

水是植物的命脉。

园区规划时，水就是重要一项。配好电源，利用机井或池塘，修好水利设施，在园区高点建水塔、管路和滴灌系统。虽然前期投入高，但在后期管理中能起到关键性作用，滴灌省工、省时，还省水，是一项很好的灌溉措施。

文冠果根系是半肉质根，皮层肥厚，储水能力强，正常降雨就能满足生长的需要。它非常怕涝，雨水过多、土壤板结会影响根系的正常生长，严重时造成烂根，所以雨后排水也是一项重要工作。灌水要掌握好时期，一般秋季干旱，土壤墒情差，封冻前灌一次封冻水，保证树体安全越冬，如果春季干旱，又没进行秋灌的果园，在萌芽前灌一次水，保证文冠果的正常萌芽、开花和结果。要根据墒情，掌握好灌水时间和灌水量。

文冠果要根据果树一年中的需水情况，结合气候特点和土壤的水分变化进行浇水。文冠果成年果树非常耐旱，需水量较少，一般情况下，自身的根系可保证对水分的需求，只是在每年的3~4月文冠果的萌芽前期和新梢生长期，4月下旬的花期和5月中旬开始的果实膨大期，对水分、养分供应十分敏感，是果树需水最多的时期，需要采用浇灌的方式进行补水。每十天左右浇水一次，每次浇水量应做到树盘内水满。在采收前15天，不再进行浇水。

二、文冠果肥管理技术

俗话说，有收没收在于水，多收少收在于肥。肥是保证产量的基础，要按不同的树龄，不同的生长阶段，掌握好施肥时间和施肥量，原则是春施追肥、秋施基肥，追肥以速效速溶多元复合肥为主，基肥以优质农家肥和长效多元复合肥为主。

施肥方法：按树冠投影，环状或放射沟施，施肥过程中，要里浅外深，避免伤根，施肥后用土封严，防止肥分挥发，降低肥效。

据科学部门考查、测量化验得出结论，文冠果种仁含粗脂肪60%，粗蛋白28%，碳水化合物9%，灰分3%。脂肪和碳水化合物是由碳、氢、氧元素构成，蛋白质除含这三种元素外，还有氮，其含量高达干物质重的5%，灰分干物质含磷0.38%、钾0.23%。根据以上分析结果，得出结论，膨果肥的氮、磷、钾比例是20：1.5：1，磷肥属于缓慢性肥料，最好是上年施基肥时混在有机肥里施入。这样有利于文冠果的吸收利用，如果等到果树需要磷高峰期施肥，则很难完全被树体吸收利用。

果实采收后也是花原体分化阶段，前期因生长果实消耗了大量的养分，迅速补充营养、及时恢复树势是非常必要的。果实采摘后，对氮的需求量明显下降，为了控制秋梢生长，应降低氮肥的施用量，所以复壮肥比例是氮、磷、钾比为10∶1.5∶1。施肥的原则是，根据母树的生长状况，结果多的树多施，结果少的树少施，没结果的树不施。

上述两种追肥时期最好配合叶面喷肥，效果更好。叶面肥用量是，膨果期尿素0.3%~0.4%、磷酸二氢钾0.2%~0.3%；果实采收后的复壮肥尿素0.2%~0.3%、磷酸二氢钾0.3%~0.4%。文冠果的这两个需肥节点，养分供应是否充足，直接影响当年的产量和花芽分化程度，施肥及时，对大小年现象有很大的改变，也是提高产量的一项重要措施。

第五节　文冠果病虫害防治技术

一、文冠果虫害防治

1. 木虱

（1）形态

成虫体长2.5毫米，翅展5~6毫米，初羽化时灰白色，逐渐变为青灰色，复眼褐色，单眼淡红色，卵乳白色。若虫体扁平，淡绿色，复眼赤红，尾端一排蜡质毛。

（2）习性

一年发生4~5代，世代重叠，多以成虫越冬。第二年5月上旬文冠果萌芽时，成虫从越冬场所出来，经 2~3 天补充营养，开始交尾产卵，卵散产在萌动芽苞鳞片上和嫩叶背面、叶脉两侧。孵化后若虫吸吮幼嫩组织汁液危害，若虫的分泌物含有糖分，溶在树干和叶片上易发生煤污病，使树体成炭黑色。第一代从产卵到羽化是 1 个月时间，7 月初第二代成虫羽化，8 月初第三代成虫羽化。经数日补充营养，部分成虫迁移至树冠下层阴面或树缝内越夏，9 月中旬解除休眠，继续短期补充营养后进入越冬。

（3）防治方法

加强田间管理：培养枝不要离地面过低，改善通风透光条件，创造一个不利于木虱发生的环境，抑制或减轻虫害发生。保护好天敌。文冠果木虱天敌主要有异色瓢虫、七星瓢虫、二星瓢虫、大草蛉、中华草蛉、三突花蛛等，它们能捕食木虱的成虫、若虫和卵，观察田间天敌和害虫的比例，如果天敌比例多，害虫危害不严重，就不需打药。

头年秋季落叶后，要清除田间杂草和落叶，刮掉树干上的老翘皮，树干涂白加 80% 敌敌畏乳油 500 倍液，消灭越冬成虫，生长季节如果天敌比例小，控制不住，就需要用化学药剂防治。

A. 氧化乐果。40% 的氧化乐果对木虱杀伤作用非常强，喷施 1 000~1 500 倍液效果很好，同时，还能兼接防治其他害虫，但它是有机磷农药、高毒，使用时要考虑残留和人身安全问题。

B. 阿比合剂。就是阿维菌素和比虫啉配混而成，具有较好的互补性，既可作用于害虫乙酰胆碱酯酶受体，又可刺激害虫释放氨基丁酸，从而导致害虫麻痹死亡，增效明显，具有触杀、胃毒及内吸作用。市场上阿比合剂品种很多，应选择正规厂家产品购买，也可以购买 1.8% 阿维菌素与 70% 比虫啉自己混配，按说明的浓度配对，避免产生药害。

C. 啶虫脒。具有触杀、胃毒、渗透和内吸作用，在文冠果木虱发生期用 3% 啶虫脒 1 000 倍液喷雾。

2. 黑绒金龟子

（1）形态

成虫体长 0.8~1 厘米，宽 0.5~0.6 厘米，身为黑褐色，喜欢啃食嫩芽部分，一般 5 月上旬无风的傍晚危害严重。

（2）防治方法

4.5% 高效氯氢菊酯 1 500~2 000 倍液，叶面喷雾；辛硫磷 1 000 倍喷施；杀灭灯诱杀，利用成虫趋光性，在成虫期用频振式杀虫灯或黑光灯诱杀，杀虫灯每盏控制 20~30 亩地。

3. 刺蛾

（1）形态

刺蛾是中国北方常见的害虫，以啃食树叶为生。被啃食的树叶只剩下叶脉，丧失光合作用能力，严重影响树木生长。

（2）习性

我国北方每年多发生一代。一般来说，其 5 月至 6 月化蛹，6 月至 7 月羽化，7 月至 8 月幼虫开始活动。成虫产卵在树叶上，多数产在叶背，呈块状，也有单粒或几粒产在叶上。幼虫群居危害。

（3）防治方法

发病时，喷施乐果 500 倍液进行毒杀，以后每隔 7 天喷射 1 次，连续喷射 3 次就可控制虫害发生。

二、文冠果病害防治

1. 茎腐病

（1）危害症状

文冠果茎腐病是由镰刀菌和轮枝孢菌等真菌在苗木或树干基部破损处，感染、侵害，造成干枯死亡，影响树体的营养传送，如果侵染树干一周，树的上部就会死亡。

（2）防治方法

①育苗地块防止重茬，发现有病地块，拔出病株，用杀菌剂进行土壤消毒，不要把病苗带入园区定植。

②建园时苗木定植不要过深，减少树干的人为损伤，发现伤口，及时用创愈灵涂抹。

③加强田间土壤管理，疏松土壤，增施有机肥，防止雨后积涝，提高树体抗病能力。

④药剂防治，发病后用溃腐灵原液涂抹，同时用福美双500倍液或恶霜灵800倍液树干下土壤处理。

2. 叶斑病

（1）危害症状

叶斑病是由半知菌亚门、腔孢纲、茎点霉属浸染所致。风雨传播，病情发展迅速、蔓延非常快，能造成早期落叶，对树体危害严重，影响营养积累，对花芽分化影响很大，造成减产。

（2）防治方法

加强通风透光条件，提高树体抗病能力，雨季来临前打药进行保护预防，喷施80%代森锰锌500倍液，发病后喷施25%多菌灵可湿性粉剂250~400倍液进行防治。

3.煤污病

（1）危害症状

煤污病主要因木虱的若虫含有大量糖分的排秽物，滴落在叶面和枝干上污染而产生，严重影响叶的光合作用，使树体不能进行正常的生理代谢，经过病菌的侵害，造成枝干枯死。

（2）防治方法

主要防治文冠果木虱，病菌侵染严重的可喷施多菌灵、嘧霉胺、霉腐利等药剂。

常见文冠果病虫害防治方法见表3-5。

表 3-5　文冠果主要病虫害防治方法

病虫害	症　状	主要防治措施
立枯病（*Rhizoctonia solani* Kuhn）	枯腐、猝倒和根腐造成的苗木死亡。	75%百菌清可湿性粉剂600倍液，或5%井岗霉素水剂1 500倍液，或20%甲基立枯磷乳油1 200倍液，进行喷雾。
煤污病	叶、果、枝上出现煤烟状物或黑色霉层。	（1）在苗期加强管理，及时中耕除草；（2）选用多菌灵800倍液，连续喷2~3次，间隔时间为7~10天，早春喷洒50%乐果乳油2 000倍液。
白粉虱/木虱（*Trialeurodes vaporariorum* (Westwood)）	连续吸吮使文冠果叶片生长缺乏碳水化合物，吸食叶片汁液时，把毒素注入叶片中，其分泌的蜜露适于霉菌生长，污染叶片与果实。	（1）生物防治：利用瓢虫、草蛉和黄色蚜小蜂等寄生蜂和轮枝菌防控白粉虱的危害。（2）烯啶虫胺、噻虫嗪、呋虫胺、吡蚜酮、噻虫啉、氟啶虫酰胺等，混合联苯菊酯或者溴氰菊酯，也可以混合阿维菌素。

续表

病虫害	症　状	主要防治措施
蚜虫 （*Aphidoidea*）	吸食叶片中的汁液，叶片发黄，甚至枯萎。	小面积的蚜虫使用洗衣粉液进行喷洒，对于大面积的蚜虫可以喷洒敌敌畏杀虫药剂，可以有效地杀灭蚜虫。
金龟子 （*Serica orientalis* Motscchulsky）	咬断幼苗的根、茎，蛀食茎，导致苗木或树木死亡。	(1)杀虫灯诱杀：利用成虫趋光性，杀虫灯诱捕黑绒金龟子等。 (2)人工捕获：利用成虫的假死性及其在晚上 7:00~8:00 活动的规律，震打树体，进行人工捕获。 (3)药物防治：树上喷药、树下撒药。在发生盛期，每隔 10~15 天在树上喷一次 2 000~3 000 倍 2.5%溴氰菊酯乳油或 12.5%高效氟氯氰菊酯乳油，树下撒甲敌粉或巴丹粉。也可用 50%辛硫磷乳油，按 3.75kg/hm² 用药量，制成土颗粒剂或毒水，毒杀幼虫；早春越冬成虫出土前，在树冠下撒毒土(40%二嗪农乳油 9kg/hm²)毒杀，成虫期可用 80%敌敌畏乳油 100 倍或 50%杀螟松乳油 1 000 倍喷叶；成虫爆发时树上喷洒 2.5%溴氰菊酯 2 000 倍液，喷药时间以早上 6:00~8:00，晚上 7:00 以后为宜。
根结线虫 （*Meloidogyne*）	苗木患病后叶片逐渐变黄，地上部分萎缩，生长停止，最终枯黄死去。	(1)冬季松土晒根，深挖病株树盘下根系附近土壤，剪除受根结线虫病危害的根系，并将病根及时清出果园，集中烧毁。 (2)在树盘内每隔 20~30 厘米开一穴，将 10%二溴氯丙烷颗粒剂按每株 200 克或 3%氯唑磷颗粒剂按每株 200 克，或 10%硫线磷颗粒剂按每株 200 克用药量，施于 15~20 厘米的深处，施药后及时灌水覆土；或用 0.5%阿维菌素颗粒按 75kg/hm² 均匀施用于挖开的沟中，覆土踏实；或用 99%氯化苦原液按 75kg/hm² 用药量处理土壤。

第六节　文冠果其他管理技术与采收

一、文冠果其他增产技术

1. 文冠果接穗封蜡

一般选 2~3 芽，长 10~15 厘米，工业用蜡，融化，待蜡温升至 95℃~102℃，将剪好接穗一头迅速在蜡液中蘸一下（0.1~1秒），再换另一头蘸，温度不能过高或过低，高则烫伤，低则过厚易脱落，晾干后放于地窖或冷库中，温度保持 1~5 度，湿度 90%。

2. 促雌花促保果方法

春天树液萌动前 20 天将顶芽剪掉，喷上尿素和硼液能明显提高侧芽雌花量。

文冠果盛花期喷施 50mg/L 萘乙酸或 200mg/L 赤霉素，幼果期喷 0.5%尿素+0.3%磷酸二氢钾（每隔 7 天 1 次，共喷 2次），增加坐果率。

3. 文冠果疏花

为了确保坐果率，疏花工作要做好，疏花时间宜早，不宜晚，主要疏细弱枝和强枝下部的花蕾，文冠果雄花量比例大，疏花是提高坐果率的一项必要措施，不要等花开放后再疏，那样会损失大量的营养，疏掉的花阴干后作茶用。

4. 文冠果幼林管理标准

提高林地保苗率，促进幼树生长发育，形成健壮旺树体，培养有利于未来丰产的理想树形，不追求幼林期结果与产量。

5. 营养不良的小老树追施全营养液的配制方法

尿素 5%、硫酸锌 0.5%、硫酸锰 0.005%、硫酸铜 0.005%、硫酸亚铁 0.005%、硫酸镁 0.05%、硼砂 1%、磷酸二氢钾 5%，配成的液体浇树根部，切记不要浇过多，浇后灌水。

二、文冠果采收

宁夏文冠果采收在 7 月下旬至 8 月上旬，当果皮由绿褐色变为黄褐色，由光滑变为粗糙，种子由红褐色变为黑褐色，果实果皮开裂时即可进行采收，裂口不要太大，当裂口程度较大时，会有种子掉落在地上，所以在收获期，每天要进行巡查，将适合收获的果实采下。刚采下的果实不要暴晒，宜摊放在阴凉通风的地方，待果实半干或干裂时，剥去果皮，取出种子。当种子含水量降到 11% 以下时，在阴凉通风处储藏即可。

第四章 文冠果低产园改造技术

第一节 文冠果嫁接技术

一、不带木质部丁字形芽接

1. 嫁接时间及接穗采集与储藏

在上述育苗的基础上，第二年春季进行嫁接。以 5 月下旬至 6 月上旬左右为宜。文冠果和别的果树不同，新梢停止生长早，木质化形成快，如果接晚了，取芽时接芽的生长点（俗称护芽眼）不容易分离，影响成活率，所以嫁接时间必须早，新梢半质化，接穗能顺利取下接芽时就开始嫁接。

2. 嫁接的方法

先选择充实饱满和砧木相近的当年新梢，剪去前端嫩梢部分，再剪掉叶片，保留 0.5 厘米长的叶柄，防止接穗水分蒸发，边剪边放在提前准备好的保湿箱内盖严，如果离嫁接地点近，可随接随剪取；如果离嫁接地点远，需要运输，把接穗放入保湿箱装满后，上边盖湿毛巾，盖好封严，有条件最好放上些冰块降温，运到地点后放到 1~5 度的冷窖中备用，储存的接穗不要放置时间过长，最好在 2~3 天内用完。

3. 嫁接过程

先在砧木距离地径（苗干靠近地表面处）基部5厘米光滑部位，横切一刀，大约直径的1/3，再在横切口中间向下纵切一刀，动作要轻，不要伤及木质部，使两刀口呈现丁字形；在接穗上选饱满芽，在芽上方0.5厘米处横切一刀，长度是直径的1/3，再在横刀口处向下垂直点1.5厘米处向上左右滚切一刀，与上边横刀口的边相遇（丁字形三刀取芽法），然后轻轻捏住叶处往一侧推，将接芽取下，用芽接刀后边的拨片拨开砧木皮层，将芽放入切口内，并向下推动，使芽片横刀口与砧木上边横刀口对严后，用嫁接塑料条绑紧，捆严，不能透气进雨水，捆绑时，叶柄露在塑料条外边。

4. 接后管理

接后6~7天，叶柄由绿变黄，轻轻一碰就掉，证明成活；如果叶柄和接芽变成黑褐色、干枯，证明已死亡。确定死亡后马上补接。接后15天，接芽已全部愈合，解除塑料条，在砧木接芽上方0.5厘米处剪砧，剪砧后5~7天嫁接芽开始萌发，及时抹除接芽以外的砧木萌芽，并对苗地进行松土除草，等接芽长到10~15厘米时，进行追肥（速效氮磷钾水溶肥）。追肥后如果干旱进行浇水，注意田间病虫害防治。嫁接苗生长到70厘米时进行掐尖打顶，促进苗木木质化程度和加粗生长，也有利于田间小苗的快速生长，便于安全越冬。

二、复　接

一般采取顶部复接法，物候期是树液开始流动，萌芽前进行。一般在4月中旬左右，要求砧木和接穗粗度相近，可选择

图 4-1 不带木质部丁字形芽接及其后续管理方法

1 年生枝或 2 年生细枝进行嫁接，在枝条和砧木相近处，选择光滑部位，剪断，距剪口下 0.2 厘米处用修枝剪向下斜剪一剪口，横向深度达砧木枝条直径的 1/2，长度 2 厘米左右，将接穗两面各削一刀，形成一面薄、一面厚，芽眼留在厚面一侧，然后将削好的接穗插入砧木剪口中，使厚面与砧木外面皮层对齐，生长点留在外侧，用塑料条连同砧木顶部绑严，不漏气、不进水，接穗顶部用创伤布胶或铅油抹好，防止失水，等接穗完全愈合长牢后解除塑料条。

三、插皮接

插皮接适合比较粗壮的大树高接换头使用，嫁接时树体已经发芽离皮时进行。辽西地区 4 月 25 日至 5 月 10 日，将需要嫁接的树先进行修剪定枝，选好留下的枝干，在光滑处进行剪截，在截好的剪锯口上选择合适的方位和角度向下纵切一刀，长 3~4 厘米；在选择好的接穗上留两芽，在芽的下方削一斜面，形成马耳形，长 3~4 厘米，在大斜面对侧下方和两侧微微削去表皮，削面上边留 2 芽剪断，左手握住砧木切口下方，右手握住接穗上方，插入接口，往下推进，接穗上边留 1 毫米（露白），然后用宽塑料条把砧木顶部和接口绑严，接穗顶部用创愈灵或铅油封顶、保水。

大树高接换头长势非常强，容易被风刮断，当接芽长到 20 厘米时需要摘心，促发分枝，摘心后把接口塑料解开重绑，砧木前边的横切面露在外面，把后边缠紧即可（防止砧木横断面与接穗交叉处被塑料条勒细，被风刮断）。风大地区应用细竹竿或木杆固定在砧木上，用来引绑嫁接新梢。总之，嫁接成功与否，就是想办法不被大风折断。等到秋季落叶前把架杆与嫁接塑料条全部解除。

嫁接方法很多，比如劈接、带木质部嵌芽接等，但文冠果上述几种方法是最实用的，适合文冠果栽培当中应用，嫁接速度快、成活率高、生长健壮。

第二节　文冠果低产园改造技术

现有栽培的文冠果树，大多数都是低产混杂的实生苗，丰产品种不足 1/3，给生产带来负面影响。没有产量就没有效益，没有效益老百姓就不栽树，产业就发展不起来。改造低产树促进生产建立在优良种质基础之上，这是当前需要解决的头等大事。

一、幼龄树的嫁接换头方法

1. 平茬嫁接

将小树基部 5 厘米处截断，萌发后选一健壮新梢向上生长，其余全部抹除，等选择好的枝条长到合适的时间后，按丁字形方法进行嫁接，嫁接成活后剪砧，当年能长出一个健壮枝条，第二年春，定干整形。

2. 高接换头

2~3 年生的幼树（图 4-2），可在中心延长枝和主枝枝条，用同样的办法进行丁字形芽接。嫁接虽然费工，但树成形快，结果早。这种办法嫁接速度快，成活率高，不易风折，是一个成熟的幼树改造的好方法。

3. 4～6 年生树的高接换头改造

这个时期树已成形，在各主枝基部选择粗度合适，光滑处截断进行插皮接。嫁接方法，参照上述嫁接部

图 4-2　文冠果 2~3 年生幼树换头当年生长情况

分，接后等接穗芽长出 20 厘米左右时进行摘心，促发分枝（此时摘心后顶部枝梢到来年仍有一部分顶芽能结果），做好架杆引绑工作，防风折断。插皮接优点是嫁接速度快，枝条发育旺盛，第二年就能结果，第三年能丰产。缺点就是容易被风折断，所以防风是一项重要工作。

图 4-3　文冠果 4~6 年生树的高接换头改造

4. 老树截干换头

对于严重衰弱的老树，采取截干处理，距地面高度 50~60 厘米截断，春季树液流动前进行，保留住树体储存的养分，保证截干后的长势。文冠果截干后一般从锯口上面、皮层内侧愈合组织上长出新芽，按需要选留 3~4 个健壮萌芽进行培养，其余及时抹除。对截干后选留的枝条，长到适合嫁接条件时进行嫁接（嫁接方法参照嫁接部分），嫁接时选择优良品系，注意

图 4-4 文冠果老树截干换头

土壤改良、增施肥料，促进快速复壮。

对 50~60 年树龄的文冠果进行截干后换头，第二年即可开花结果，第三年即进入盛果期，产量比改造前增加了 3~5 倍。

第三节 文冠果低产林高接换优穗芽丰产配置技术

我国大面积种植文冠果始于 20 世纪 60~70 年代。"千花一果"导致文冠果的果实产量非常低。1999 年，我国文冠果平均亩产油仅为 1.67 公斤。经济效益低下，降低了种植户管抚文冠果的积极性，仅 20 世纪末，被荒废和砍伐损失的文冠果达 60 万亩，占当时全国文冠果的 50% 以上。

为提高文冠果果实产量和规模化推广文冠果优良种质，我国学者研究了嫩枝扦插、硬枝扦插和根插等文冠果的无性繁殖方法。穗长以 13~15 厘米、带 2~3 片叶，插前用浓度为 250mg/L 的 IBA 溶液处理，嫩枝扦插文冠果成活率可达 41.2%（赵国锦和戴双，2006）；随母株年龄的增大，硬枝扦插的生根率和苗生长量、根数、地径都会下降（康国生和马明呈，2008），而使用浓度为 100mg/L 和 300mg/L 的 IBA 及 100mg/L 的 ABT-6 处理硬枝后，文冠果平均成活率可达 33.22%（莫保儒等，2014）；插根长度 10 厘米，扦插时用浓度均为 250mg/L 的 NAA、IBA 或 ABT 溶液处理插条基部 30s，生根率可达 92% 左右，平均成活率达 82.9%（赵国锦和戴双，2006）。

通过对常规嵌芽接、改良嵌芽接和切接方法的比较分析，韩淑贤等发现采用改良嵌芽接法，文冠果的嫁接成活率最高达 57.44%，常规嵌芽接法次之，成活率为 36.71%，切接法最低成活率仅为 29.54%；改良嵌芽接和常规嵌芽接法相比，改良嵌芽接将切芽长度从 1 厘米提高到 2~3 厘米，可以增加切芽和砧木切口的愈合面积，从而提高嫁接成活率、砧木和接穗利用率（韩淑贤等，2012）。春季带木质芽接、夏季 T 形芽接、秋季带木质芽接和春季插皮接的对比结果表明：文冠果砧木粗度大于 0.4 厘米有利于嫁接成活率的提高（常月梅和张彩红，2013）。在嵌芽接中，使用 1 000mg/L 吲哚丁酸和 500mg/L α-萘乙酸快速蘸抹接芽有利于提高文冠果嫁接成活率，成活率可达 94.32%，保存率达 47.9%~76.9%，当年即可挂果；穗条以 0.3~0.7 厘米为优，在 4 月初嫁接较好。另外，张桂琴（1984）开展的文冠果芽砧苗嫁接表明：芽砧苗嫁接成活率达 80%，一年四季均可开展；芽砧苗嫁接的部位为幼嫩组织，接合部位能形成全面的愈合组织，抗病虫害能力强，且可防止后期黑腐病的发生。

以上研究在一定程度上提高了文冠果林产量，但由于文冠果存在自交不亲和，如果相邻穗条为自交不亲和（SI）的同一基因型，则自交败育更易发生，从而造成低产。因此，只有明晰文冠果种质间的亲缘关系并改变文冠果林传粉格局，其低产问题才获得有效突破。目前，还没有关于文冠果种质间亲缘关系 SSR 分析的研究报道。

一、丰产高接换冠的分子设计

针对上述问题，本技术通过 SSR 标记检测 Dice 遗传系数，根据结实率和坐果率选配出最佳授粉组合的 Dice 遗传系数范围Ⅰ；根据嫁接成活率，选出最适嫁接的 Dice 遗传系数范围Ⅱ。Dice 遗传系数范围Ⅰ和 Dice 遗传系数范围Ⅱ的共同部分为最适文冠果种质组合的 Dice 遗传系数范围。对此 Dice 遗传系数范围内的文冠果进行高异交传粉设计配置，可有效地降低自交和同株异花授粉发生率，提高异交传粉率，从而保证文冠果高产。

1. 分子设计方法步骤

（1）选择不同文冠果种质，分别提取其 DNA。

（2）筛选适用于文冠果的 SSR 标记引物。

（3）利用筛选出的 SSR 标记引物，计算不同文冠果种质间的 Dice 遗传系数。

（4）将 Dice 遗传系数划分为 8 个级别；在每个 Dice 遗传

系数级别内，设计文冠果组合。

（5）根据步骤（4）设计的文冠果组合，以 2 个不同文冠果种质互为授粉树，进行人工授粉。

（6）根据步骤（4）设计的文冠果组合，进行人工嫁接。

（7）在人工授粉后的第 20 天统计并计算结实率，第 60 天统计并计算坐果率，得到配合力最高的 Dice 遗传系数范围 I 。

（8）嫁接后第 60 天统计并计算嫁接成活率，得到嫁接成活率最高的 Dice 遗传系数范围 II 。

（9）以步骤（7）、步骤（8）得到的 Dice 遗传系数范围共同部分的文冠果为种质材料，设计文冠果丰产高接换冠模式。

步骤（1）提取 DNA 的方法为改良 CTAB 法。

步骤（2）筛选 SSR 标记引物的方法包括如下步骤：

①利用 RNA-Seq 技术开发文冠果的 SSR 标记序列；

②采用 Primer Premier 5.0 软件设计特异引物：引物长度（20nt~24nt）、3′端稳定性（-6.0kal/mol~-9.0kal/mol）、引物 Tm 值（55℃~60℃）、GC 含量（45%~55%）、引物 rating 值>90。以两个不同文冠果种质的 DNA 为模板，进行 PCR 扩增，根据聚丙烯酰胺垂直凝胶电泳结果，筛选出 SSR 标记引物。

步骤（6）嫁接方法为撕皮嵌芽接法。

步骤（9）文冠果丰产高接换冠模式，文冠果的嫁接枝条之间的距离为 0.45~0.81 米，文冠果种质间的 Dice 遗传系数范围为 0.651~0.700。

本技术利用 SSR 标记检测不同文冠果种质间的 Dice 遗传系数，选配出结实率、坐果率和嫁接成活率均较高的 Dice 遗传系数范围为 0.651~0.700，结实率、坐果率和嫁接成活率分别达 68%、50% 和 73% 以上，再以高异交传粉配置格局成功实现文冠果丰产高接换冠模式，为我国大面积的低产文冠果林改造提供了丰产高接换冠的技术基础。

2. 技术效益

（1）本技术的分子识别方法操作简单，易推广扩大使用。

（2）使用本技术方法提供的分子识别方法，筛选出 Dice 遗传系数范围 0.651~0.700 的授粉组合为最佳，异交授粉的结实率、坐果率、嫁接成活率分别达 68%、50% 和 73% 以上，极大地提高了文冠果的结实率和坐果率。

（3）本技术提供文冠果丰产高接换冠模式，为我国大面积改造低产文冠果林提供了丰产高接换冠的技术基础。

二、技术具体实施方式

下面结合实施实例对本技术做进一步的说明，但这不限制本技术的范围，实施实例以阜蒙和通辽文冠果种质基地的 6 个文冠果品种和 50 个文冠果优良无性系为材料。文冠果品种分别为：文冠 1 号、文冠 2 号、文冠 3 号、文冠 4 号、中淳 1 号和中淳 2 号；优良无性系分别为：FM1、FM2、FM4、FM5、FM6、FM7、FM8、FM10、FM12、FM13、FM14、FM15、FM16、FM17、FM19、FM21、FM22、FM23、FM24、FM25、FM26、FM27、FM28、FM29、FM33、FM36、FM37、FM40、FM41、FM43、FM48、FM50；NaAc 溶液的浓度为 3mgl/L，pH 值为5.2。

1. 选择最佳的文冠果授粉组合的 Dice 遗传系数范围

（1）以 6 个文冠果品种和 50 个文冠果优良无性系为材料，利用改良 CTAB 方法分别提取其 DNA，步骤如下：

①将文冠果叶片 10 克放入研钵，倒入适量液氮研磨后，移入预先加有 700mL 2×CTAB 的离心管中，置于 65℃水浴处理 45~60min，离心（4℃，1 000rpm，10min）得上清液Ⅰ。

②取步骤①离心管中上清液Ⅰ 600μL 于新离心管中，加入总体积为 600μL 的酚、氯仿和异戊醇混合液（体积比为 25：24：1），摇匀后离心（4℃，1 000rpm，10min），得上清液Ⅱ。

③取上清液Ⅱ 550μL 于新离心管中，加入 500μL 10×CTAB，摇匀后置于 65℃水浴中溶解 2~3min，再加入总体积为 50μL 的酚：氯仿：异戊醇混合液（体积比为 25：24：1），摇匀后离心（4℃，1 000rpm，10min），得上清液Ⅲ。

④取上清液Ⅲ加入其体积 2 倍的无水乙醇，再加入其体积 1/10 的 NaAc 溶液，静置 2 小时以上，得沉淀。

⑤将步骤④所得沉淀洗涤后烘干，烘干温度为 37℃，时间为 8~10min。

⑥将步骤⑤烘干后的沉淀溶解后常温静置 2 小时，即得文冠果 DNA 样品。

（2）以文冠果叶片为材料，以公知任意一种方法提取其 RNA，并采用 RNA-Seq 技术进行 RNA 测序，然后根据序列搜索简单重复序列，共检测到 10652 个 SSR 标记序列。

（3）采用 Primer Premier 5.0 软件设计特异引物：引物长度（20nt~24nt）、3'端稳定性（−6.0kal/mol~−9.0kal/mol）、引物 Tm 值（55℃~60℃）、GC 含量（45%~55%）、引物 rating 值>90。以两个不同文冠果种质的 DNA 为模板，进行 PCR 扩增，根据聚丙烯酰胺垂直凝胶电泳结果，选取能扩增出条带、条带清晰，且有多态性的引物对，共筛选出 32 对 SSR 标记引物，见表 4-1。

表 4-1 文冠果 Dice 遗传距离检测的 32 对 SSR 标记引物

位点名称	引物序列(5′-3′)	退火温度 Tm(℃)
XS1	F:TTAGTTCGGTTAGGTGTCATCGT; R:TTTTCTTCTGATCACTCTCAGTGG	58.4
XS2	F:GTGTCATGTGTATTGCTCGTCTC; R:TCCTGAATAAGTTGGCTCAAATC	60.2
XS3	F:GCAGGACAAACCATAACAAGTCT; R:CAGAAAAGCTTGGAGCTAAGACA	57.8
XS4	F:AAACTAAGCCAAACTTTCGATCC; R:ATGAAGCAGAAGAAGAAGCAGAC	56.6
XS5	F:CTTGAAGGTTCAATGGGATGA; R:TGGTGTAGGTAAAACAGGTGGTC	56.1
XS7	F:AAACGGATGATGTGGATTCTAAG; R:TCAGACTTCTTCTGGCTTTCATC	56.6
XS8	F:AAGGAACCATTTGAAATCTCCAC; ATCACCTTCTGCTGCTGAGACT	56.9
XS9	F:CTCTGACGTATAGTCGAGCCTGT; R:CAGTTGAATACCTTTGGCAACAT	60.7
XS10	F:GAAACCAAGAACTGGTTTGAGAT; R:CAGCAGATCATTCACAATGCTAC	58.4
XS13	F:CTCTTGAACCTCCACAGTTTCTG; R:GCTGAAATGAAGACAAGGAGAGA	60.2
XS14	F:TCTTGCTCCACTGTACTCACAGA; R:TCAATCCTCTGGACTTTAACTGC	58.4
XS15	F:TCAGACCCAAACAGATCTCTATCA; R:GAGGAGAAGAGAACGGAGAAGAG	62.0
XS20	F:GCTGCTTATCAGCTACCGTGT; R:ATCTACACCAGATCGCTCATCTC	56.6
XS21	F:TGAGAGAGTTTGGACTTGGAGAT; R:CGATTGAATCTGTGATGCTGTAG	56.6

续表

位点名称	引物序列(5'-3')	退火温度 Tm(℃)
XS22	F:TGAATCAAACAACCAGATTTGTG; R:CATTCTCCACATAAACATCAGCA	54.8
XS25	F:CGTGGTGTTGTGTCTATGTGAGT; R:AAATTTCTCTGATTGATTCCTCG	60.2
XS26	F:AACTGTTAATCCAGTCGTTTCCA; R:AATCCACAGTGTCCTTATCGTGT	56.6
XS27	F:TCTGAAATGCAAACCTGCTAGAC; R:CTGAAATTGTGAAGCAATCACTG	58.4
XS28	F:AGACCAATGCCAAACATACTACG; R:GTGTTTAACCCGAAACACAACAG	58.4
XS29	F:CTGTTCTTGACAGTTTGACAACG; R:TGCAACAACCACATCACATCTAT	58.4
XS30	F:GGAGTGACAATGGAGCTGACTAC; R:AAGCACTTCTACAGCCAAACACT	62.0
XS53	F:GTTGATTGTAGCTTCTCATGGCT; R:TGGGTGGGTTATTAGTTGTTGTC	58.4
XS54	F:GCTACAGCTACAGCTACAACAGC; R:TTGTCTATTGATTGCGATGAGTG	62.0
XS55	F:ATATTATGTTGGTGGGAATGGTG; R:AGCCAATGGTTGCTAATATCACT	56.6
XS56	F:ATTCATGTAATGGAGAAGCCAGA; R:CCTCCTATATGCTACTGCTGCTG	61.0
XS57	F:GACACCCATTTCTCAAACCAATA; R:TCTCCTGATCTCCAGTGAGATGT	56.6
XS58	F:GTTGCTTTCAAGTCATCTCTCTC; R:AGCAATGCAAAGCAACAGC	58.4
XS80	F:CCATAATTTACTCCTCCGGACAT; R:GGGTACCCTTCAACGTTGTTAC	60.1

续表

位点名称	引物序列(5″–3′)	退火温度 Tm(℃)
XS81	F:AAACCAAAGAAGTTGTAGCAGCA； R:GCTCTTCAGATTTCACTTCCTCA	56.6
XS89	F:GACGTGAACAAGAAGAAGTTGGT； R:GGAAACTCACACGTCTCTGATCT	58.4
XS90	F:TGTCTTTGTTAACATTGCTGCTG； R:TCTCAAGTTAATGGCTCTTCCTG	56.6
XS91	F:ACCGTGACTTGCATATGGATTAT； R:ACAGTTGAGATCAGTGGAACTGC	56.6

（4）利用步骤（3）筛选出的 32 对 SSR 标记引物分别对步骤（1）提取得到的文冠果 DNA 进行 PCR 扩增，扩增产物利用 8% 聚丙烯酰胺凝胶垂直电泳检测。

（5）以电泳检测结果条带的有无进行计数，有记为"1"，无记为"0"，利用 NTYsys2.0 软件计算 Dice 遗传系数。

（6）将 Dice 遗传系数分为 8 个级别，分别为 0.400~0.450，0.451~0.500，0.501~0.550，0.551~0.600，0.601~0.650，0.651~0.700，0.701~0.750，0.751~0.800。在每个级别内，以两个不同文冠果种质互为授粉树设计 7 个组合，如表 4-2；每个组合采用人工异交授粉处理，每个组合处理 200 朵花。

（7）对不同的授粉处理，分别在人工授粉处理后的第 20 天统计结实率（结实率=果实数/授粉处理花数×100%），第 60 天统计坐果率（坐果率=坐果数/结实数×100%），结果见表 4-2。

表 4-2　不同 Dice 遗传系数组合异交授粉的结实率和坐果率

Dice 遗传系数		授粉组合		结实率	坐果率
级别	数值	母株	异交花粉	（%）	（%）
0.400~0.450	0.438	FM37	FM31	20.9	8.6
	0.417	FM8	FM29	18.3	5.7
	0.404	FM22	FM36	17.2	4.6
	0.419	FM33	FM12	21.5	5.3
	0.421	FM17	FM28	19.6	8.1
	0.442	FM21	FM18	28.7	11.2
	0.424	FM5	FM7	22.9	9.1
0.451~0.500	0.484	FM50	FM6	32.3	15.8
	0.453	FM1	FM9	38.4	13.2
	0.471	FM33	FM22	31.6	17.1
	0.464	FM27	FM28	39.8	21.5
	0.486	FM41	FM3	29.3	22.4
	0.452	FM40	FM28	34.7	16.3
	0.463	FM29	FM2	21.9	11.4
0.501~0.550	0.513	FM43	FM9	68.4	39.2
	0.547	FM25	FM20	59.5	38.3
	0.524	FM28	FM13	60.3	41.9
	0.532	FM29	FM24	55.9	37.3
	0.517	FM22	FM11	57.3	40.6
	0.528	FM6	FM3	64.8	41.7
	0.503	FM48	FM18	58.3	38.9

续表

Dice 遗传系数		授粉组合		结实率	坐果率
级别	数值	母株	异交花粉	（%）	（%）
0.551~0.600	0.597	FM10	FM27	83.4	51.8
	0.553	FM33	FM3	78.9	49.6
	0.587	FM28	FM12	82.4	58.6
	0.576	FM14	FM17	77.6	50.6
	0.559	FM13	FM22	81.5	60.9
	0.565	FM27	FM43	73.1	48.9
	0.574	FM22	FM4	69.8	47.2
0.601~0.650	0.622	中淳 1 号	FM23	91.5	70.3
	0.631	中淳 2 号	FM6	88.4	68.1
	0.607	FM23	FM19	90.4	66.1
	0.646	FM26	FM37	85.3	64.4
	0.647	FM19	FM26	87.9	65.2
	0.603	FM37	FM7	92.6	69.6
	0.641	FM27	FM38	88.5	63.2
0.651~0.700	0.681	FM37	FM9	71.6	62.4
	0.653	FM48	FM21	78.9	63.7
	0.675	FM2	FM18	82.3	50.9
	0.666	FM13	FM15	75.2	53.7
	0.653	FM24	FM32	77.9	60.8
	0.679	FM15	FM2	80.1	58.7
	0.664	FM41	FM4	68.7	54.8

续表

Dice 遗传系数		授粉组合		结实率 (%)	坐果率 (%)
级别	数值	母株	异交花粉		
0.701~0.750	0.703	文冠 3 号	FM27	41.8	28.7
	0.746	FM4	FM33	42.5	35.1
	0.732	FM28	FM22	39.6	24.6
	0.726	FM21	FM8	49.3	27.2
	0.719	文冠 4 号	FM47	42.1	19.3
	0.747	FM29	FM1	48.2	22.5
	0.724	FM36	FM22	39.7	24.6
0.751~0.800	0.782	文冠 1 号	FM43	13.8	9.7
	0.753	文冠 2 号	FM28	22.4	12.1
	0.774	FM16	FM31	19.6	11.6
	0.766	FM23	FM8	17.2	8.2
	0.768	FM7	FM24	42.1	19.3
	0.787	FM12	FM11	48.2	20.5
	0.794	FM33	FM9	39.7	24.6

（8）根据步骤（6）设计的组合，以低产文冠果（每株产果量小于 1 公斤）为砧木，见表 4-3，采用撕皮嵌芽接进行嫁接，每个组合均是在 300 个砧木上嫁接 300 个穗条。

（9）嫁接后的第 60 天统计嫁接成活率。嫁接成活率的计算公式：嫁接成活率=穗条成活数/穗条嫁接数，结果见表 4-3。

由表 4-2 知，Dice 遗传系数范围 0.651~0.700 的文冠果种质授粉组合为最佳，异交人工授粉的结实率和坐果率分别达 68% 和 50% 以上，极大地提高了文冠果的结实率和坐果率。

表 4-3　不同 Dice 遗传系数砧穗组合间的嫁接成活率

Dice 遗传系数		砧穗组合		嫁接成活率
级别	数值	砧木	穗条	（％）
	0.438	FM37	FM31	20.9
	0.417	FM8	FM29	18.3
	0.404	FM22	FM36	17.2
0.400~0.450	0.419	FM33	FM12	21.5
	0.421	FM17	FM28	19.6
	0.442	FM21	FM18	28.7
	0.424	FM5	FM7	22.9
	0.484	FM50	FM6	32.3
	0.453	FM1	FM9	38.4
	0.471	FM33	FM22	31.6
0.451~0.500	0.464	FM27	FM28	39.8
	0.486	FM41	FM3	29.3
	0.452	FM40	FM28	34.7
	0.463	FM29	FM2	21.9
	0.513	FM43	FM9	68.4
	0.547	FM25	FM20	59.5
	0.524	FM28	FM13	60.3
0.501~0.550	0.532	FM29	FM24	55.9
	0.517	FM22	FM11	57.3
	0.528	FM6	FM3	64.8
	0.503	FM48	FM18	58.3

续表

Dice 遗传系数		砧穗组合		嫁接成活率
级别	数值	砧木	穗条	（%）
	0.597	FM10	FM27	83.4
	0.553	FM33	FM3	78.9
	0.587	FM28	FM12	82.4
0.551~0.600	0.576	FM14	FM17	77.6
	0.559	FM13	FM22	81.5
	0.565	FM27	FM43	73.1
	0.574	FM22	FM4	69.8
	0.622	中淳 1 号	FM23	91.5
	0.631	中淳 2 号	FM6	88.4
	0.607	FM23	FM19	90.4
0.601~0.650	0.646	FM26	FM37	85.3
	0.647	FM19	FM26	87.9
	0.603	FM37	FM7	92.6
	0.641	FM27	FM38	88.5
	0.681	FM37	FM9	71.6
	0.653	FM48	FM21	78.9
	0.675	FM2	FM18	82.3
0.651~0.700	0.666	FM13	FM15	75.2
	0.653	FM24	FM32	77.9
	0.679	FM15	FM2	80.1
	0.664	FM41	FM4	68.7

续表

Dice 遗传系数		砧穗组合		嫁接成活率
级别	数值	砧木	穗条	（%）
	0.703	文冠 3 号	FM27	41.8
	0.746	FM4	FM33	42.5
	0.732	FM28	FM22	39.6
0.701~0.750	0.726	FM21	FM8	49.3
	0.719	文冠 4 号	FM47	42.1
	0.747	FM29	FM1	48.2
	0.724	FM36	FM22	39.7
	0.782	文冠 1 号	FM43	13.8
	0.753	文冠 2 号	FM28	22.4
	0.774	FM16	FM31	19.6
0.751~0.800	0.766	FM23	FM8	17.2
	0.768	FM7	FM24	42.1
	0.787	FM12	FM11	48.2
	0.794	FM33	FM9	39.7

由表 4-3 可知，穗条和砧木间 Dice 遗传系数在 0.600~0.800 间的砧穗组合的嫁接成活率均较高（>70%），介于73.10%到 86.21%之间，平均值为 78.85%。

综合考虑授粉组合的配合力与嫁接组合的嫁接亲和力，选择 Dice 遗传系数范围 0.651~0.700 的文冠果为最适宜的嫁接组合。

2. 检测文冠果自然栽培群体交配系统

在文冠果自然栽培群体中，选取 5 个样方，样方大小均在 2 亩以上，果实成熟期，每个样方内随机选取 40 个单株，每个单株距离在 10 米以上，收集单株果实。每个样方随机选择 30 个单株，对其种子进行混匀，随机选择其中的 25 粒种子用于 DNA 提取。

利用表 4-1 所示 32 对 SSR 标记引物，对 5 个样方内 125 个 DNA 样品进行 PCR 扩增；扩增产物利用 8% 聚丙烯酰胺凝胶垂直电泳检测；以条带有无进行计数，有记为"1"，无记为"0"。

利用 MLTR3.2 软件估算文冠果自然栽培群体单位点异交率（t_s）、多样点异交率（t_m）和双亲近交系数（$t_m - t_s$）、亲本近交系数 F 和多位点相关度（r_{pm}），见表 4-4。

表 4-4 文冠果自然栽培群体交配系统

群体	t_m	t_s	t_m-t_s	r_{pm}	F
1	0.987	0.967	0.020	0.053	0.008
2	0.973	0.954	0.019	0.141	0.023
3	0.968	0.957	0.011	0.089	0.017
4	0.969	0.948	0.021	0.067	0.009
5	0.980	0.972	0.008	0.094	0.026

由表 4-4 可知，文冠果自然栽培群体异交率较高，介于 0.968 到 0.986 之间。5 个文冠果群体的多位点异交率都高于单位点异交率，而且位点亲本相关度比较小，说明群体内不存在近交。同时，各群体单位点相关度与多位点相关度差值较小，

表明群体内不存在亚结构。

3. 确定高异交传粉配置格局

在阜新蒙古族自治县文冠果种质基地内，在文冠果盛花期，选取 15 个样方，对传粉者访问不同花的飞行距离进行调查观测，结果如表 4-5 所示，文冠果传粉者访问不同花的飞行距离介于 0.45~0.81 米之间。因此，在嫁接时，嫁接枝条之间的距离为 0.45~0.81 米。

表 4-5 文冠果传粉者访花飞行距离

野生居群样方	传粉者访问不同花的飞行距离（米）
1	0.73 米
2	0.68 米
3	0.72 米
4	0.64 米
5	0.81 米
6	0.63 米
7	0.45 米
8	0.68 米
9	0.81 米
10	0.62 米
11	0.59 米
12	0.60 米
13	0.54 米
14	0.48 米
15	0.63 米

4. 小 结

本技术通过 SSR 标记检测文冠果种质间的 Dice 遗传系数，在遗传系数范围内设计不同的组合，通过观测不同组合的结实率、坐果率和嫁接成活率得到最佳的文冠果组合的 Dice 遗传系数范围为 0.651~0.700；其结实率、坐果率和嫁接成活率分别达 68%、50% 和 73% 以上；再根据文冠果访花者的飞行距离，确定文冠果在嫁接时，嫁接枝条之间的距离为 0.45~0.80米。本技术提供了一种高嫁接亲和力、高配合力、高异交传粉配置格局的低产文冠果林的丰产高接换冠嫁接模式，提高了文冠果的产量。

第五章 文冠果优良种质筛选技术

第一节 文冠果常规选育技术

一、文冠果常规选育技术

文冠果为异花授粉物种，生境分布广，自然界的表型和性状变异丰富，例如果实桃红色、棕红色、串果、果实到第二年早春仍不落的文冠果类型（图5–1），为我们从自然生长的文冠果单株中选择出优良品种提供了基础和丰富材料。

文冠果常规育种方法主要包括系谱选育、杂交育种、诱变育种、辐射育种、离子束注射等方法。例如，上海培林生物有限公司通过秋水仙素处理方面，成功获得了4倍体文冠果材料，调查结果表明，4倍体材料生长发育明显优于2倍体，叶片宽大、肥厚、枝干粗，长势强。

二、文冠果常规选优技术

文冠果常规选优方法主要包括优树选择、优系培育、区试、良种审（认定）过程（图5–2）。常规育种周期长，常需8~10年。

图 5-1　果皮棕红色、果皮桃红色、
果皮青黄色和冬季到第二年不落果的文冠果

三、高含油率文冠果优树选择

连续 3 年调查测定了宁夏干旱区不同文冠果单株的种子和种仁含油率，种子含油量在 35% 以上的种质有 0002（37.18%）和 0003（35.36%），种仁含油量在 65% 以上的种质有 0026（65.78%）和 0002（65.74%）。

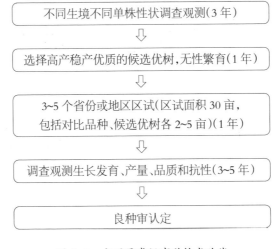

图 5-2　文冠果常规育种技术路线

四、高雌雄花比文冠果优树选择

连续 3 年对宁夏吴忠孙家滩文冠果基地 229 棵样树的雌雄花比进行了调查测定，结果介于 0~100% 之间，平均值为

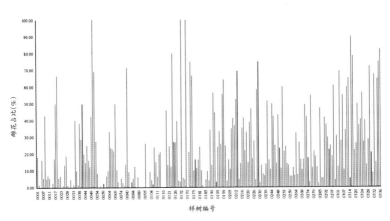

图 5-3　宁夏吴忠干旱区文冠果雌花占比

24.1%，说明文冠果雌花比低，雄花比高。雌花占比高于 70% 的样树有 11 棵，分别为 0080（71.42%）、0329（72.22%）、0172（75%）、0229（75%）、0335（75%）、0318（78.41%）、0336（82.29%）、0136（90%）、0050（100%）、0132（100%）和 0139（100%），可作为候选优树。

五、叶片富含类黄酮化合物文冠果优树选择

连续 3 年对宁夏吴忠孙家滩文冠果基地 335 棵文冠果样树叶片类黄酮化合物的种类和含量进行测定。结果表明，供试的来自宁夏吴忠的 335 株文冠果样树叶片中有 149 株样树叶片含有 10 种黄酮类成分，有 186 株样树叶片含有除柚皮素以外的 9 种黄酮类成分（表 5-1）。其中，5 种黄酮类成分含量较高，是供试文冠果样树叶片中黄酮类化合物的主要成分，高低顺序为芦丁（164.385μg·g^{-1} ~ 4 253.230μg·g^{-1}）> 没食子儿茶素（14.613 μg·g^{-1}~794.753μg·g^{-1}）> 表没食子儿茶素（7.550μg·g^{-1}~593.927μg·g^{-1}）> 山奈酚（12.727μg·g^{-1} ~ 101.707μg·g^{-1}）> 槲皮素（5.117μg·g^{-1} ~ 68.513μg·g^{-1}）；样树 No.334 叶片中的芦丁含量最高，且高于其他样树很多，为 4 253.230μg·g^{-1}；样树 No.308、No.317 和 No.324 叶片中的没食子儿茶素含量较高，分别为 672.982μg·g^{-1}、697.155μg·g^{-1} 和 794.753μg·g^{-1}；样树 No.308、No.317 和 No.324 叶片中的表没食子儿茶素含量较高，分别为 509.424μg·g^{-1}、528.251μg·g^{-1} 和 593.927μg·g^{-1}；样树 No.27、No.45 和 No.314 叶片中的山奈酚含量较高，分别为 95.578μg·g^{-1}、93.735μg·g^{-1} 和 101.707μg·g^{-1}；样树 No.228 和 No.303 叶片中的槲皮素含量较高，分别为

68.513μg·g^{-1} 和 51.354μg·g^{-1}。另外，5 种黄酮类成分含量较低，分别为没食子儿茶素没食子酸酯（1.908μg·g^{-1}~ 4.496μg·g^{-1}）、柚皮素（0~4.743μg·g^{-1}）、木樨草素（0.942μg·g^{-1}~13.514μg·g^{-1}）、二氢槲皮素（1.112μg·g^{-1}~16.040μg·g^{-1}）和二氢杨梅素（0.272μg·g^{-1}~26.575μg·g^{-1}）。

不同样树 10 种黄酮类成分总含量介于 267.897 μg·g^{-1} ~ 4 899.387μg·g^{-1}，最大值约为最小值的 18.288 倍，差异显著（p<0.01）。样树 No.103、No.266 和 No.148 叶片中的黄酮类成分总含量较高，分别为 3 678.427μg·g^{-1}、3 489.593μg·g^{-1} 和 3 394.931μg·g^{-1}，可作为候选景观绿化优树，同时可利用其叶片制作文果茶；样树 No.136、No.57 和 No.51 叶片中的黄酮类成分总含量较低，分别为 405.263μg·g^{-1}、402.201μg·g^{-1} 和 357.140μg·g^{-1}。

综合分析，通过雌花比、种子和种仁含油率及叶片类黄酮含量的对比分析，筛选出 2 个种仁含油率高的优树：0026（65.78%）和 0002（65.74%），3 个叶片类黄酮含量高的景观生态优树：No.103（3 678.427μg·g^{-1}）、No.266（3 489.593μg·g^{-1}）和 No.148（3 394.931μg·g^{-1}），5 株雌花占比高于 80%的优树：0336（82.29%）、0136（90%）、0050（100%）、0132（100%）和 0139（100%）。

表 5-1 宁夏 335 棵文冠果样树叶片黄酮类成分及其含量

样本	各成分的含量/μg·g⁻¹										
	槲皮素	山奈酚	表没食子儿茶素	芦丁	没食子儿茶素没食子酸酯	柚皮素	木犀草素	二氢槲皮素	没食子儿茶素	二氢杨梅素	总计
0001	19.737	56.671	58.534	944.517	2.389	1.673	1.838	2.766	74.248	5.138	1 167.511
0002	32.043	55.800	36.195	1 374.544	2.748	2.252	2.449	5.725	50.494	3.119	1 565.369
0003	24.683	54.300	82.280	712.194	2.144	2.128	2.132	3.454	109.643	7.312	1 000.270
0004	28.206	37.754	9.564	876.706	2.783	3.772	2.185	3.839	18.269	2.779	985.857
0005	23.101	69.348	37.842	713.154	2.892	1.530	2.699	3.892	52.960	7.643	915.061
0006	21.312	30.125	14.512	906.130	2.873	0.783	1.624	4.598	25.190	4.502	1 011.649
0007	18.378	47.983	35.514	486.536	2.442	1.316	3.451	3.193	47.995	6.210	653.018
0008	16.447	51.713	28.994	897.914	2.444	1.984	2.169	1.455	36.744	4.042	1 043.906
0009	19.132	47.048	19.736	965.035	2.327	1.286	2.714	3.914	29.727	3.443	1 094.362
0010	33.716	36.425	122.611	580.017	2.568	1.489	5.737	4.765	162.425	11.664	961.417
0011	30.199	63.148	100.220	1 006.627	3.933	0.493	2.191	4.545	125.943	8.527	1 345.826
0012	32.324	64.358	63.567	1 025.478	2.395	3.178	1.835	3.853	84.245	11.366	1 292.599

续表

各成分的含量/μg·g⁻¹ ($\mu g \cdot g^{-1}$)

样本	槲皮素	山柰酚	表没食子儿茶素	芦丁	没食子儿茶素没食子酸酯	柚皮素	木犀草素	二氢槲皮素	没食子儿茶素	二氢杨梅素	总计
0013	28.853	59.206	43.868	771.474	2.760	—	1.997	3.714	59.527	7.017	978.416
0014	26.770	81.322	43.842	789.328	2.771	2.371	1.605	3.002	57.064	6.021	1 014.096
0015	31.432	49.069	49.618	724.732	2.956	3.495	2.886	3.896	64.466	6.689	939.239
0016	30.423	46.154	92.725	1 082.659	2.547	2.137	2.035	5.103	118.728	7.843	1 390.354
0017	17.070	37.850	83.204	573.444	2.242	0.853	1.699	3.692	108.985	8.379	837.418
0018	28.827	56.195	57.260	889.262	2.456	0.369	2.504	3.730	78.438	7.574	1 126.715
0019	26.034	40.398	8.368	925.595	2.654	0.419	1.839	2.978	15.986	3.375	1 027.646
0020	29.314	41.837	11.085	1 068.283	2.669	0.450	1.681	3.243	21.850	2.589	1 183.001
0021	22.789	84.560	27.981	597.462	2.415	0.124	2.178	3.097	37.747	5.350	783.703
0022	24.646	46.842	68.208	920.237	2.354	0.660	1.410	4.194	84.518	5.620	1 158.689
0023	17.082	57.276	52.911	363.014	2.517	0.624	1.571	3.322	70.597	7.423	576.337
0024	22.060	33.587	29.521	856.037	2.589	—	1.615	3.081	38.998	4.273	991.761

续表

各成分的含量/μg·g⁻¹

样本	槲皮素	山柰酚	表没食子儿茶素	芦丁	没食子儿茶素没食子酸酯	柚皮素	木犀草素	二氢槲皮素	没食子儿茶素	二氢杨梅素	总计
0025	31.441	58.909	12.904	961.183	2.657	1.203	2.384	3.143	20.594	4.041	1 098.495
0026	31.053	59.463	33.869	1 002.913	2.834	0.591	1.756	3.143	43.868	3.517	1 183.007
0027	27.882	95.578	89.860	703.269	2.918	0.746	2.503	3.996	115.136	8.337	1 050.225
0028	28.726	56.433	40.118	779.841	2.520	0.150	3.906	3.146	54.704	4.595	974.139
0029	22.442	51.079	50.378	697.934	2.498	—	1.415	3.225	68.965	3.559	901.495
0030	17.317	30.382	82.816	876.374	2.499	—	1.762	3.498	112.670	6.221	1 133.539
0031	27.807	55.606	117.833	1 524.509	3.246	1.226	1.834	5.872	135.720	9.841	1 883.494
0032	26.635	48.112	73.097	517.075	2.314	1.495	2.085	3.380	91.172	3.933	769.298
0033	12.128	18.928	58.358	376.871	2.402	—	1.268	2.094	88.111	3.875	564.035
0034	19.067	29.073	59.536	453.960	2.635	0.084	1.663	3.267	76.331	4.774	650.390
0035	20.466	39.816	79.108	568.342	2.650	1.061	2.237	4.474	108.118	6.306	832.578
0036	14.304	20.157	41.648	487.850	2.180	—	1.456	2.696	60.592	1.874	632.757

续表

样本	各成分的含量/μg·g⁻¹										总计
	槲皮素	山柰酚	表没食子儿茶素	芦丁	没食子儿茶素没食子酸酯	柚皮素	木犀草素	二氢槲皮素	没食子儿茶素	二氢杨梅素	
0037	13.032	27.026	56.913	580.844	2.626	–	1.218	3.662	70.427	6.163	761.911
0038	19.174	36.557	38.501	648.567	2.431	3.057	1.631	3.157	54.818	4.177	812.070
0039	28.398	61.090	34.676	432.313	2.546	1.275	2.607	3.027	44.659	6.299	616.890
0040	16.968	55.687	18.565	499.895	2.430	0.752	3.024	3.405	26.554	3.802	631.082
0041	27.018	47.485	35.375	698.739	2.777	–	1.518	4.063	46.842	3.834	867.651
0042	20.443	50.379	39.362	1 321.049	3.252	2.001	1.887	8.093	53.846	10.090	1510.402
0043	20.423	40.710	58.262	449.903	2.543	1.096	2.919	2.936	79.619	5.921	664.332
0044	16.136	18.883	72.131	460.095	2.551	0.452	1.439	3.436	102.921	7.405	685.450
0045	26.511	93.735	68.535	602.843	2.529	1.088	2.243	3.655	90.915	6.519	898.573
0046	24.398	36.888	9.767	605.342	2.592	–	2.018	3.268	15.158	1.250	700.681
0047	9.088	16.544	25.041	433.389	2.341	–	1.023	1.296	35.024	2.107	525.853
0048	17.628	19.412	32.878	753.639	2.358	0.132	1.410	2.307	46.724	3.606	880.094

续表

样本	槲皮素	山柰酚	表没食子儿茶素	芦丁	没食子儿茶素没食子酸酯	柚皮素	木犀草素	二氢槲皮素	没食子儿茶素	二氢杨梅素	总计
0049	13.218	25.658	44.575	527.604	2.561	—	1.191	1.486	64.128	2.996	683.417
0050	25.905	48.385	10.933	557.534	2.609	0.863	2.606	4.379	16.584	1.280	671.078
0051	11.525	24.864	9.829	289.021	2.127	—	1.343	1.417	14.613	2.401	357.140
0052	19.215	26.965	51.491	393.637	2.579	—	1.626	1.801	72.569	4.840	574.453
0053	10.204	22.855	77.414	302.818	2.459	—	1.658	2.014	115.839	5.604	540.865
0054	11.921	25.306	12.163	414.154	2.277	—	1.375	1.659	17.378	1.559	487.792
0055	16.770	39.455	30.858	452.088	2.408	0.526	1.841	2.550	40.720	5.013	592.229
0056	15.780	50.879	82.092	668.841	2.627	0.257	1.444	4.119	108.069	7.461	941.569
0057	10.332	23.139	16.869	318.794	2.261	—	1.288	1.964	24.679	2.875	402.201
0058	16.460	40.291	112.992	897.149	2.940	—	1.557	4.733	148.666	6.227	1 231.015
0059	18.239	32.730	22.927	631.048	2.811	—	1.282	2.531	33.622	3.534	748.724
0060	25.191	81.126	38.895	672.655	2.697	—	1.656	3.110	49.998	4.637	879.965

续表

各成分的含量/μg·g⁻¹

样本	榭皮素	山柰酚	表没食子儿茶素	芦丁	没食子儿茶素没食子酸酯	柚皮素	木犀草素	二氢槲皮素	没食子儿茶素	二氢杨梅素	总计
0061	13.611	22.240	53.471	416.894	2.502	0.003	1.474	1.589	80.863	4.225	596.872
0062	15.778	40.133	30.000	458.222	2.529	–	1.280	3.164	40.711	5.200	597.017
0063	23.367	33.278	32.789	545.485	2.625	0.554	2.035	3.320	44.534	3.963	691.950
0064	14.885	43.355	68.320	498.873	2.714	–	1.615	2.912	92.689	5.109	730.472
0065	23.367	31.580	77.164	718.953	2.622	0.548	1.532	3.341	103.385	5.715	968.477
0066	13.052	25.701	105.519	507.251	2.504	–	1.784	2.924	146.457	8.938	813.590
0067	24.370	32.063	79.031	682.621	2.705	0.588	1.348	4.170	103.161	9.597	939.654
0068	15.149	49.438	34.679	713.263	2.192	1.176	1.924	3.126	47.176	3.291	871.414
0069	21.549	34.303	91.764	605.424	2.801	0.187	3.692	4.076	122.733	6.589	893.118
0070	17.851	30.701	37.530	508.011	2.481	–	1.653	2.695	53.999	3.664	658.585
0071	23.965	40.037	78.734	712.356	2.544	0.358	1.287	2.774	107.727	4.365	974.147
0072	23.686	39.050	89.485	839.764	2.498	0.195	1.331	2.823	115.750	3.753	1 118.335

续表

各成分的含量/μg·g⁻¹

样本	槲皮素	山奈酚	表没食子儿茶素	芦丁	没食子儿茶素没食子酸酯	柚皮素	木犀草素	二氢槲皮素	没食子儿茶素	二氢杨梅素	总计
0073	18.080	50.675	134.343	629.487	2.780	—	1.863	3.961	191.429	4.805	1 037.423
0074	21.423	20.799	34.564	621.671	2.623	0.497	1.643	4.010	49.249	6.299	762.778
0075	11.292	39.195	75.838	569.550	2.438	0.835	1.462	3.284	107.325	7.074	818.293
0076	16.390	44.376	157.697	565.583	2.819	0.193	1.710	3.272	205.735	10.467	1 008.242
0077	20.860	36.809	72.695	398.501	2.616	0.272	1.348	3.056	102.633	7.207	645.997
0078	21.109	45.230	34.913	529.510	2.808	0.119	1.371	2.454	43.981	7.466	688.963
0079	20.946	35.376	99.398	588.829	2.373	—	1.340	3.710	136.686	5.867	864.525
0080	15.965	19.460	21.643	411.439	2.455	—	1.075	2.424	31.735	2.503	508.699
0081	16.809	26.684	155.507	535.252	2.615	—	1.393	4.549	217.817	8.094	968.720
0082	23.902	37.434	77.153	1 331.283	3.014	0.589	2.381	9.807	102.737	8.449	1 596.385
0083	25.723	34.126	292.945	814.565	2.498	—	2.095	5.012	400.172	8.592	1 585.728
0084	5.117	58.690	137.713	901.598	2.987	—	1.959	3.944	170.572	5.657	1 288.237

续表

各成分的含量/μg·g⁻¹ → $\mu g \cdot g^{-1}$

样本	槲皮素	山柰酚	表没食子儿茶素	芦丁	没食子儿茶素没食子酸酯	柚皮素	木犀草素	二氢槲皮素	没食子儿茶素	二氢杨梅素	总计
0085	18.377	23.900	108.407	853.497	2.688	1.182	7.740	4.266	139.775	8.965	1 168.797
0086	17.845	30.192	88.918	774.869	2.753	0.827	1.654	3.713	120.855	7.295	1 048.921
0087	22.753	38.475	128.421	546.318	2.345	0.604	1.763	3.822	170.828	9.635	924.964
0088	18.897	35.632	74.857	535.181	2.492	0.317	1.413	3.196	106.026	8.457	786.468
0089	19.214	30.207	109.008	965.087	2.555	—	1.973	3.180	137.878	5.222	1 274.324
0090	20.124	34.193	106.515	503.712	2.951	—	1.742	3.990	143.848	8.333	825.408
0091	20.288	28.779	62.119	972.357	2.632	—	1.635	2.958	82.873	8.062	1 181.703
0092	14.038	35.241	120.429	628.052	2.553	—	2.235	3.406	155.627	5.453	967.034
0093	21.423	47.191	137.034	698.773	2.546	0.070	1.933	3.882	181.386	10.191	1 104.429
0094	27.787	41.795	31.191	1 102.066	2.566	0.057	2.247	3.644	42.075	3.573	1 257.001
0095	18.231	27.210	76.809	704.130	2.517	0.118	1.640	3.407	107.704	6.083	947.849
0096	22.206	40.966	99.803	753.444	2.611	0.588	1.801	3.298	128.489	5.447	1 058.653

续表

样本	槲皮素	山奈酚	表没食子儿茶素	芦丁	没食子儿茶素没食子酸酯	柚皮素	木犀草素	二氢槲皮素	没食子儿茶素	二氢杨梅素	总计
0097	16.177	47.359	51.240	620.455	2.642	0.784	2.187	3.578	67.559	7.146	819.145
0098	29.132	37.150	163.924	1 159.122	2.738	–	2.220	4.995	212.314	5.529	1 617.124
0099	18.736	39.119	30.613	678.847	2.425	0.159	1.486	3.140	39.527	6.411	820.463
0100	22.676	40.550	78.220	479.966	2.848	0.388	1.645	2.860	101.805	6.903	737.861
0101	24.780	29.490	33.665	904.651	2.758	0.598	2.112	3.691	42.926	4.476	1 049.147
0102	30.280	54.231	28.059	1 298.323	2.342	0.527	2.490	3.135	38.947	3.287	1 461.621
0103	29.279	39.948	354.904	2 713.648	3.723	–	6.146	10.351	516.279	4.149	3 678.427
0104	16.226	19.669	93.387	448.611	2.501	0.108	1.519	2.947	128.528	8.139	721.635
0105	18.284	46.831	161.277	1 724.893	3.351	0.240	3.148	5.632	206.558	26.305	2 196.519
0106	25.786	43.241	65.533	563.494	2.601	–	1.657	5.208	95.504	5.608	808.632
0107	16.089	23.557	24.040	444.594	2.829	0.422	1.325	2.049	35.687	2.745	553.337
0108	23.844	27.001	21.250	608.976	2.581	0.387	4.102	3.358	25.336	4.412	721.247

各成分的含量/μg·g^{-1}

续表

各成分的含量/μg·g^{-1}

样本	槲皮素	山柰酚	表没食子儿茶素	芦丁	没食子儿茶素没食子酸酯	柚皮素	木犀草素	二氢槲皮素	没食子儿茶素	二氢杨梅素	总计
0109	20.554	65.793	92.649	906.171	2.465	0.418	1.987	3.800	120.412	5.660	1 219.909
0110	19.434	59.834	44.814	592.595	2.506	0.353	1.518	4.000	62.962	5.795	793.811
0111	12.549	33.882	59.806	534.373	2.558	—	1.715	2.847	86.389	5.231	739.350
0112	12.592	27.510	8.855	406.729	2.562	—	1.373	2.182	15.436	1.510	478.749
0113	15.020	35.766	70.335	650.177	2.665	0.202	1.496	3.173	101.105	6.461	886.400
0114	25.057	37.633	31.454	317.144	2.401	0.118	1.683	3.477	41.534	3.467	463.968
0115	15.945	40.716	82.936	626.169	2.405	0.945	1.583	2.695	114.269	4.517	892.180
0116	22.280	31.427	52.542	717.354	2.593	—	1.527	3.635	70.617	5.367	907.342
0117	22.575	23.248	35.456	474.836	2.706	—	1.418	2.323	51.560	3.151	617.273
0118	26.203	32.783	52.308	711.954	2.628	0.164	1.527	3.002	71.710	4.633	906.912
0119	24.584	27.335	54.735	680.739	2.332	—	1.234	2.961	75.837	2.981	872.738
0120	9.861	26.931	16.981	346.713	2.019	—	1.140	1.299	24.539	2.917	432.400

续表

各成分的含量/μg·g⁻¹ → $\mu g \cdot g^{-1}$

样本	槲皮素	山奈酚	表没食子儿茶素	芦丁	没食子儿茶素没食子酸酯	柚皮素	木犀草素	二氢槲皮素	没食子儿茶素	二氢杨梅素	总计
0121	18.359	41.927	28.538	484.985	2.504	—	1.906	4.659	40.354	3.441	626.673
0122	24.887	29.731	65.127	952.201	2.288	—	1.847	4.169	93.180	4.723	1 178.153
0123	16.457	31.270	9.786	324.912	2.054	0.618	1.470	2.909	16.825	2.169	408.470
0124	11.849	42.076	24.133	342.865	2.308	—	1.366	1.431	35.598	1.733	463.359
0125	21.669	33.867	35.164	547.160	2.560	0.241	1.624	2.837	46.335	5.017	696.474
0126	21.015	37.124	64.735	718.328	2.541	0.604	2.884	3.289	73.832	4.584	934.936
0127	20.953	42.752	63.953	673.425	2.494	—	5.481	3.498	85.994	5.940	904.490
0128	24.040	64.220	54.815	1 453.531	3.253	1.564	2.649	6.560	71.621	8.086	1 690.339
0129	13.882	22.257	27.310	393.380	2.395	—	1.223	1.657	37.663	2.731	502.498
0130	18.272	23.715	75.812	459.945	2.459	0.412	1.165	2.580	102.953	6.883	694.196
0131	18.044	40.501	49.080	703.683	2.583	0.050	1.902	3.213	71.557	4.216	864.829
0132	26.254	29.919	38.075	654.702	2.603	—	1.450	3.123	51.491	3.562	811.179

续表

样本	各成分的含量/μg·g⁻¹										总计
	槲皮素	山奈酚	表没食子儿茶素	芦丁	没食子儿茶素没食子酸酯	柚皮素	木犀草素	二氢槲皮素	没食子儿茶素	二氢杨梅素	
0133	17.434	17.945	48.938	560.867	2.424	0.094	2.049	2.296	70.582	6.070	728.699
0134	18.110	18.066	107.772	391.783	2.474	—	3.277	2.835	144.876	6.939	696.132
0135	10.596	21.812	68.760	387.977	2.473	—	3.513	2.118	96.994	2.790	597.033
0136	13.448	25.330	24.311	302.388	2.162	—	1.075	2.257	32.766	1.526	405.263
0137	20.938	42.482	35.953	611.065	2.770	—	2.654	4.019	46.365	2.804	769.050
0138	19.656	39.666	51.712	813.178	2.794	0.004	1.732	3.638	68.011	4.134	1 004.525
0139	15.330	25.945	41.646	417.813	2.351	—	1.168	1.696	56.411	1.522	563.912
0140	17.417	20.829	41.806	385.905	2.410	—	1.268	2.449	59.985	0.826	532.895
0141	16.940	35.085	69.365	614.869	2.657	—	1.859	3.881	96.165	2.879	843.700
0142	19.926	45.996	101.978	530.533	2.487	—	1.561	3.721	143.70	1.800	851.703
0143	22.829	30.156	34.147	874.674	2.771	—.	1.467	3.154	44.251	1.043	1 014.492
0144	18.786	45.360	147.678	588.573	2.346	—	1.235	2.574	205.370	2.571	1 014.493

续表

样本	各成分的含量/μg·g⁻¹										
	槲皮素	山柰酚	表没食子儿茶素	芦丁	没食子儿茶素没食子酸酯	柚皮素	木犀草素	二氢槲皮素	没食子儿茶素	二氢杨梅素	总计
0145	12.744	14.365	134.649	389.544	2.002	–	1.091	2.787	194.394	4.338	755.914
0146	17.518	23.557	86.508	361.922	2.752	–	1.268	1.878	117.134	2.126	614.663
0147	22.701	19.973	49.927	460.572	2.555	0.548	3.017	2.863	68.834	3.335	634.325
0148	43.382	46.081	148.923	2 927.169	3.268	1.619	3.408	9.570	203.101	8.410	3 394.931
0149	22.208	20.378	89.407	328.988	2.491	–	1.386	2.743	132.153	1.761	601.515
0150	12.595	18.883	7.550	613.174	2.415	–	1.482	2.103	15.457	0.397	674.056
0151	16.757	27.927	199.336	473.313	2.663	–	1.348	3.519	266.739	1.752	993.354
0152	12.657	27.711	92.352	418.653	2.417	0.699	1.239	1.627	115.581	2.141	674.378
0153	28.605	29.458	138.058	477.954	2.561	–	1.333	1.503	174.414	1.816	856.401
0154	10.687	24.213	171.006	605.911	2.285	–	1.726	3.292	241.345	2.965	1 063.430
0155	17.260	34.987	174.755	529.267	2.051	–	1.377	3.659	241.799	3.202	1 008.357
0156	14.143	27.714	198.838	492.647	2.230	–	1.331	4.456	274.355	6.252	1 021.966

续表

样本	各成分的含量/μg·g⁻¹										总计
	槲皮素	山柰酚	表没食子儿茶素	芦丁	没食子儿茶素没食子酸酯	柚皮素	木犀草素	二氢槲皮素	没食子儿茶素	二氢杨梅素	
0157	20.537	57.957	168.023	825.429	2.956	—	2.124	4.179	229.789	3.723	1 314.717
0158	37.435	66.436	119.781	2 457.229	4.019	0.181	3.549	5.817	163.106	4.916	2 862.469
0159	10.718	20.915	75.437	530.499	2.428	—	1.286	2.503	97.488	2.465	743.739
0160	26.479	31.088	42.897	340.652	2.258	—	1.187	2.300	60.700	0.918	508.479
0161	15.010	38.390	84.599	919.438	2.389	—	2.743	4.670	118.735	4.260	1 190.234
0162	13.092	25.890	113.604	575.899	2.466	—	1.316	3.586	157.026	1.491	894.370
0163	15.481	35.619	60.717	534.161	2.370	—	1.265	1.981	82.677	1.294	735.565
0164	12.813	22.127	117.783	354.031	1.966	—	0.974	1.927	154.185	1.384	667.190
0165	13.313	29.134	110.270	375.205	2.582	—	1.193	2.114	147.515	2.776	684.102
0166	14.315	22.996	23.787	446.869	2.241	—	1.119	2.172	31.612	1.609	546.720
0167	15.867	19.324	120.850	331.864	2.562	—	1.277	2.277	167.287	2.321	663.629
0168	16.037	14.757	77.373	303.040	2.483	—	1.076	1.848	110.810	1.550	528.974

续表

样本	各成分的含量/μg·g⁻¹										
---	槲皮素	山柰酚	表没食子儿茶素	芦丁	没食子儿茶素没食子酸酯	柚皮素	木犀草素	二氢槲皮素	没食子儿茶素	二氢杨梅素	总计
0169	21.813	19.673	10.855	634.861	2.319	–	1.263	1.625	18.577	0.752	711.738
0170	22.871	35.400	71.867	434.679	2.559	1.132	1.338	3.504	97.192	4.267	674.809
0171	16.537	21.673	41.046	555.567	2.435	–	1.231	2.230	51.298	2.083	694.100
0172	19.657	29.711	12.723	523.284	2.304	1.285	1.463	3.030	20.883	3.796	618.136
0173	21.069	25.542	64.783	496.408	2.486	–	1.194	2.468	84.293	3.380	701.623
0174	20.275	24.770	25.097	303.612	2.339	0.210	1.860	2.299	31.334	2.045	413.841
0175	19.559	46.512	177.610	1 621.687	3.078	1.119	2.062	5.142	226.557	3.433	2 106.759
0176	13.043	14.137	83.500	585.121	2.001	–	1.138	1.678	113.160	2.423	816.201
0177	14.628	21.009	39.321	454.149	2.065	–	1.314	1.641	55.147	0.316	589.590
0178	24.042	24.650	41.144	517.947	2.470	–	1.295	2.230	54.358	0.627	668.763
0179	17.890	37.095	121.903	347.270	2.666	–	1.452	2.723	162.713	1.726	695.438
0180	15.300	34.572	92.299	386.915	2.221	–	1.157	2.297	128.617	3.222	666.600

续表

各成分的含量/μg·g⁻¹ ... 各成分的含量/$\mu g \cdot g^{-1}$

样本	槲皮素	山柰酚	表没食子儿茶素	芦丁	没食子儿茶素没食子酸酯	柚皮素	木犀草素	二氢槲皮素	没食子儿茶素	二氢杨梅素	总计
0181	11.286	23.124	18.653	464.523	2.512	—	1.255	2.809	31.007	1.551	556.720
0182	16.316	14.958	74.937	374.406	2.306	—	1.553	2.229	108.516	2.216	597.437
0183	16.129	40.307	42.271	442.632	2.229	—	1.180	2.376	56.354	1.392	604.870
0184	11.320	23.083	88.909	421.610	2.558	—	1.435	3.003	114.084	3.832	669.834
0185	13.626	25.989	73.545	318.611	2.543	—	1.184	1.796	104.868	2.301	544.463
0186	21.169	22.163	62.195	581.002	2.420	0.402	1.234	2.217	84.166	2.585	779.151
0187	20.090	66.441	65.996	1 483.309	3.273	0.256	3.167	6.670	88.377	12.257	1 749.982
0188	25.836	23.912	16.977	440.701	2.485	—	2.108	3.793	30.040	1.519	547.627
0189	10.914	22.955	82.433	368.322	2.611	—	1.180	2.028	118.440	1.926	610.809
0190	16.809	22.115	174.429	349.935	2.514	—	1.172	2.422	243.323	4.251	816.970
0191	25.791	26.162	52.084	452.316	2.233	—	1.218	1.953	68.229	2.125	632.111
0192	26.035	27.936	24.049	638.321	2.459	—	1.275	2.310	31.551	1.735	755.671

续表

样本	各成分的含量/μg·g⁻¹										总计
	槲皮素	山柰酚	表没食子儿茶素	芦丁	没食子儿茶素没食子酸酯	柚皮素	木犀草素	二氢槲皮素	没食子儿茶素	二氢杨梅素	
0193	32.482	50.314	66.637	2 544.974	2.733	0.144	1.787	5.463	84.093	2.717	2 791.344
0194	19.567	20.385	16.380	452.984	2.475	—	1.331	2.390	23.879	1.592	540.983
0195	16.626	25.136	56.215	345.953	2.616	—	1.712	2.401	83.675	1.525	535.859
0196	29.422	29.635	11.597	400.040	2.315	—	1.275	1.932	17.381	1.184	494.781
0197	34.686	49.939	57.293	1 458.422	3.527	0.902	1.676	3.995	74.676	3.021	1 688.137
0198	9.617	32.034	79.691	359.698	2.266	—	1.232	1.920	110.892	2.218	599.568
0199	10.709	23.414	32.583	346.812	2.444	—	1.471	1.932	44.925	1.904	466.194
0200	23.412	64.660	130.318	1 925.800	3.342	1.036	3.077	8.711	181.404	5.250	2 347.010
0201	25.876	25.671	30.022	847.617	2.542	0.634	1.805	2.045	39.416	2.036	977.664
0202	14.478	29.301	25.515	500.037	2.333	—	1.167	2.494	37.056	0.898	613.279
0203	23.898	36.941	76.980	2 078.174	2.293	0.033	1.848	5.781	100.393	4.520	2 330.861
0204	15.541	42.582	130.241	852.004	2.316	—	1.558	2.366	175.079	1.257	1 222.944

续表

样本	槲皮素	山奈酚	表没食子儿茶素	芦丁	没食子儿茶素没食子酸酯	柚皮素	木犀草素	二氢槲皮素	没食子儿茶素	二氢杨梅素	总计
0205	15.551	24.229	66.476	455.947	2.590	–	1.132	2.013	89.824	2.278	660.040
0206	25.059	75.560	116.710	2 740.504	3.379	–	2.215	6.095	151.108	1.926	3 122.556
0207	20.258	46.256	96.718	1 673.634	2.894	0.168	2.073	4.122	122.374	4.820	1 973.317
0208	25.427	29.429	90.744	1 815.456	2.861	–	1.848	3.821	117.204	3.529	2 090.319
0209	14.919	20.509	38.350	483.814	2.062	–	1.001	1.749	51.888	1.624	615.916
0210	10.380	18.355	216.225	255.007	2.331	–	1.071	2.436	302.379	3.832	812.016
0211	26.501	33.161	21.756	644.261	2.857	0.547	2.030	4.995	29.198	1.324	766.630
0212	31.246	52.146	21.314	1 921.467	3.081	2.011	2.689	9.834	49.340	2.644	2 095.772
0213	19.916	44.329	75.594	430.408	2.448	–	1.264	2.110	105.422	1.827	683.318
0214	27.759	43.501	99.086	1 207.449	3.444	0.507	3.902	8.522	142.860	3.688	1 540.718
0215	15.057	50.245	153.773	2 415.319	3.326	1.834	2.085	8.730	211.294	1.888	2 863.551
0216	42.731	48.626	150.551	2 315.881	2.617	0.316	3.129	8.025	199.818	8.277	2 779.971

各成分的含量/μg·g⁻¹

续表

样本	槲皮素	山柰酚	表没食子儿茶素	芦丁	没食子儿茶素没食子酸酯	柚皮素	木犀草素	二氢槲皮素	没食子儿茶素	二氢杨梅素	总计
0217	14.269	22.010	41.668	413.454	2.240	—	1.192	1.578	57.076	1.930	555.417
0218	10.451	34.319	63.102	606.950	2.215	—	1.186	2.589	81.136	2.289	804.237
0219	12.786	37.252	61.246	389.010	2.215	—	1.175	1.843	80.666	1.884	588.077
0220	13.676	26.011	47.364	525.404	1.973	—	1.040	1.857	67.137	1.207	685.669
0221	11.319	31.181	51.261	669.579	2.596	—	1.336	2.322	67.890	1.795	839.279
0222	21.105	21.312	48.236	729.286	2.175	—	1.083	2.115	62.436	2.398	890.146
0223	32.934	66.834	16.054	1 430.879	2.758	3.177	2.679	11.829	39.093	7.233	1 613.470
0224	18.079	25.146	27.450	733.146	2.271	—	1.195	2.174	36.166	1.285	846.912
0225	11.892	35.061	208.259	1 893.956	3.240	0.638	5.368	7.613	273.019	6.196	2 445.242
0226	28.025	75.096	45.521	1 992.970	3.014	0.366	3.049	4.832	63.804	3.417	2 220.094
0227	24.637	80.035	138.732	1 931.401	3.589	—	2.172	6.675	183.167	8.726	2 379.134
0228	68.513	53.188	8.804	2 279.216	3.221	3.138	3.483	11.375	25.887	7.737	2 464.562

各成分的含量/μg·g⁻¹

续表

样本	各成分的含量/μg·g⁻¹										
	槲皮素	山奈酚	表没食子儿茶素	芦丁	没食子儿茶素没食子酸酯	柚皮素	木犀草素	二氢槲皮素	没食子儿茶素	二氢杨梅素	总计
0229	12.978	22.446	95.953	443.057	2.236	–	1.123	2.575	127.811	2.240	710.419
0230	24.951	56.903	101.568	1 564.650	3.074	–	2.175	8.561	414.846	2.839	1 906.567
0231	10.050	25.299	82.004	432.506	2.477	–	1.500	2.011	123.144	4.728	683.719
0232	41.326	49.505	17.899	2 099.110	2.947	0.141	2.176	9.946	42.369	2.305	2 267.724
0233	39.474	60.989	50.052	1 308.762	2.986	1.264	2.967	10.407	71.608	0.889	1 549.398
0234	18.926	17.750	41.189	290.146	2.445	1.706	1.185	2.606	65.891	0.933	442.777
0235	46.763	44.131	13.259	1 546.118	3.108	2.706	10.590	12.831	39.534	2.259	1 721.299
0236	9.558	18.327	112.640	491.108	2.370	–	1.104	2.568	151.288	2.457	791.420
0237	13.542	31.937	45.555	528.009	2.249	–	1.213	1.922	59.248	1.423	685.098
0238	10.334	18.003	102.517	530.814	2.235	–	1.432	2.270	142.694	1.311	811.610
0239	36.156	47.652	143.949	2 012.232	3.820	0.356	2.047	8.149	211.394	4.454	2 470.209
0240	46.412	50.473	9.335	2 067.026	2.854	4.137	4.489	9.783	28.293	3.686	2 226.488

续表

样本	各成分的含量/μg·g⁻¹										
	槲皮素	山奈酚	表没食子儿茶素	芦丁	没食子儿茶素没食子酸酯	柚皮素	木犀草素	二氢槲皮素	没食子儿茶素	二氢杨梅素	总计
0241	31.421	48.043	118.331	1 526.730	3.404	0.814	3.163	8.853	163.728	2.875	1 907.363
0242	17.615	28.539	80.408	650.974	2.702	—	1.704	1.729	111.584	1.163	896.418
0243	9.009	26.220	55.884	239.629	2.346	—	1.173	2.065	82.528	1.383	420.237
0244	38.080	56.900	230.773	2 170.654	3.123	—	3.397	9.726	334.228	10.628	2 857.509
0245	28.923	69.495	91.924	1 900.883	3.691	—	2.339	7.358	132.340	4.630	2 241.583
0246	11.177	20.167	69.436	253.556	2.292	—	1.130	1.883	97.565	2.861	460.067
0247	14.083	24.287	40.797	352.788	2.364	—	1.317	1.493	58.325	0.924	496.378
0248	16.478	19.629	60.154	518.106	2.472	—	2.031	2.211	84.498	3.811	709.390
0249	14.584	39.373	109.756	470.667	2.804	—	1.263	2.604	150.931	1.581	793.563
0250	36.485	27.385	286.870	1 089.193	3.263	1.076	2.241	8.686	353.213	7.418	1 815.830
0251	9.642	29.316	65.115	270.140	2.318	—	1.420	1.754	85.038	4.459	469.202
0252	33.646	63.834	109.882	2 486.140	3.727	1.039	3.206	11.504	149.624	4.411	2 867.013

续表

样本	各成分的含量/μg·g⁻¹												
	槲皮素	山柰酚	表没食子儿茶素	芦丁	没食子儿茶素没食子酸酯	柚皮素	木犀草素	二氢槲皮素	没食子儿茶素	二氢杨梅素	总计
0253	11.128	29.233	60.202	460.672	2.456	—	1.331	2.404	79.998	1.240	648.664
0254	37.743	38.769	10.274	636.754	2.124	—	1.288	2.309	23.539	1.068	753.868
0255	11.853	26.910	44.944	550.595	2.554	—	1.144	1.771	63.332	2.005	705.108
0256	23.863	40.419	138.564	1 592.245	2.722	—	1.664	4.666	185.318	3.882	1 993.343
0257	18.058	40.596	173.362	1 327.837	2.777	—	2.216	5.425	220.280	3.346	1 793.897
0258	10.215	16.363	48.701	375.393	2.079	—	1.185	2.308	63.320	1.592	521.156
0259	12.539	26.631	75.407	452.652	2.746	—	1.307	1.683	106.825	3.434	683.224
0260	10.418	29.595	57.401	362.856	2.407	—	1.262	1.550	73.819	1.164	540.472
0261	10.210	23.692	41.498	341.043	2.141	—	1.066	1.310	54.660	0.694	476.314
0262	10.647	20.474	75.590	423.948	2.194	—	1.271	1.259	112.823	1.620	649.826
0263	9.080	26.702	67.234	477.045	2.307	—	1.431	1.467	89.703	1.143	676.112
0264	7.686	20.621	93.125	450.106	2.417	—	1.104	1.996	134.816	1.841	713.713

续表

各成分的含量/μg·g⁻¹

样本	槲皮素	山柰酚	表没食子儿茶素	芦丁	没食子儿茶素没食子酸酯	柚皮素	木犀草素	二氢槲皮素	没食子儿茶素	二氢杨梅素	总计
0265	21.143	49.238	88.981	1 793.773	3.970	–	2.073	4.804	114.618	3.186	2 081.786
0266	36.143	58.766	188.092	2 924.204	3.057	0.241	3.438	8.063	259.901	7.688	3 489.593
0267	26.373	38.706	108.851	2 346.616	3.531	0.609	2.734	7.689	143.241	5.377	2 683.727
0268	15.708	28.352	48.488	838.651	2.352	–	1.166	2.691	66.466	0.884	1 004.758
0269	9.199	15.315	31.644	164.385	2.249	–	0.997	1.213	42.185	0.710	267.897
0270	19.724	47.133	97.262	1 795.685	3.000	–	2.095	6.303	131.603	3.763	2 106.568
0271	11.603	21.194	16.076	297.502	2.613	1.894	1.190	2.150	25.135	0.691	378.154
0272	38.676	50.948	88.382	1 735.956	3.091	2.180	2.270	12.255	127.838	4.088	2 065.398
0273	33.509	51.648	43.270	1 434.456	2.985	–	2.728	11.236	66.960	2.095	1 651.067
0274	12.743	26.939	45.890	785.306	2.523	–	1.183	1.459	70.064	1.117	947.224
0275	8.993	17.091	115.973	450.898	2.096	–	1.178	2.161	159.152	1.371	758.913
0276	13.084	21.103	12.917	505.895	1.984	–	0.972	1.240	18.282	0.897	576.374

续表

样本	各成分的含量/μg·g⁻¹										总计
---	槲皮素	山奈酚	表没食子儿茶素	芦丁	没食子儿茶素没食子酸酯	柚皮素	木犀草素	二氢槲皮素	没食子儿茶素	二氢杨梅素	
0277	39.494	36.748	55.527	1 575.072	3.260	0.091	10.280	9.161	74.108	3.176	1 806.917
0278	10.406	21.235	82.771	504.056	2.472	–	1.289	2.645	115.072	1.970	741.916
0279	30.601	33.511	79.051	1 526.176	3.400	0.977	3.517	9.218	111.044	3.234	1 800.728
0280	11.075	21.513	87.532	548.761	2.158	–	1.867	2.949	114.965	4.082	794.902
0281	8.512	28.023	56.587	393.861	2.632	–	1.321	1.312	77.358	0.817	570.423
0282	26.986	63.805	129.567	1 875.244	3.716	–	2.392	6.678	174.381	5.003	2 287.772
0283	38.150	44.167	88.918	1 689.667	2.541	–	1.644	5.146	120.702	4.240	1 995.175
0284	32.794	66.232	46.540	2 071.665	3.069	–	3.005	5.460	71.327	1.655	2 301.747
0285	8.424	17.403	63.706	279.599	2.652	–	1.205	1.601	98.906	2.078	475.574
0286	29.937	60.751	225.243	1 911.750	2.798	–	2.171	6.383	318.540	4.234	2 561.807
0287	31.712	36.943	116.480	2 545.883	2.830	–	2.025	4.578	150.326	3.266	2 894.043
0288	29.310	46.676	71.981	1 345.593	3.446	0.210	2.055	6.442	94.933	2.401	1 603.047

续表

各成分的含量/μg·g⁻¹

样本	槲皮素	山柰酚	表没食子儿茶素	芦丁	没食子儿茶素没食子酸酯	柚皮素	木犀草素	二氢槲皮素	没食子儿茶素	二氢杨梅素	总计
0289	26.749	56.569	147.626	1 921.560	3.206	—	2.081	5.823	203.867	2.427	2 369.908
0290	19.519	23.848	147.626	499.684	2.232	—	2.159	2.452	41.223	0.594	622.726
0291	13.947	26.673	31.671	336.665	2.303	—	1.088	1.425	44.049	1.585	459.406
0292	34.791	62.774	224.260	2 630.450	2.649	0.192	2.109	8.203	321.436	3.352	3 290.024
0293	13.572	25.288	49.552	575.899	2.218	1.812	1.057	2.376	63.210	1.576	734.940
0294	29.974	43.745	118.637	1 450.454	3.837	1.702	10.241	11.726	166.355	6.858	1 843.639
0295	33.340	55.365	226.374	1 768.047	2.800		2.867	10.583	315.533	6.398	2 423.009
0296	13.159	27.962	140.395	306.597	2.218	—	2.294	3.119	212.221	3.095	711.060
0297	31.486	51.292	78.477	1 307.282	3.184	0.382	2.355	10.345	106.040	3.937	1 594.780
0298	34.921	42.043	31.054	3 096.599	2.639	0.966	1.923	10.361	63.295	0.961	3 284.762
0299	13.657	26.528	81.234	322.494	2.225	—	1.250	1.736	116.454	1.461	567.039
0300	26.977	55.657	103.058	2 606.469	2.888	—	2.028	10.175	131.368	3.770	2 942.390

续表

各成分的含量/μg·g⁻¹

样本	槲皮素	山奈酚	表没食子儿茶素	芦丁	没食子儿茶素没食子酸酯	柚皮素	木犀草素	二氢槲皮素	没食子儿茶素	二氢杨梅素	总计
0301	41.238	35.667	123.333	1 861.905	3.362	4.562	5.833	11.905	174.286	6.471	2 268.562
0302	37.812	39.392	205.885	1 763.519	3.803	2.555	13.013	12.667	283.845	8.880	2 371.371
0303	51.354	54.322	162.176	2 061.673	3.244	4.023	4.180	12.669	238.693	14.550	2 606.884
0304	28.274	44.238	182.191	1 611.934	3.130	0.085	8.664	8.952	255.060	6.775	2 149.303
0305	19.736	29.711	217.835	1 461.612	3.026	—	4.262	5.426	293.163	7.611	2 042.382
0306	30.284	68.662	267.144	1 610.780	3.299	0.408	10.443	10.620	379.453	5.545	2 386.638
0307	12.969	13.058	207.933	423.675	2.622	—	1.884	1.926	290.919	2.589	957.575
0308	32.725	54.628	509.424	2 185.045	4.352	1.275	7.478	15.040	672.982	10.809	3 493.758
0309	36.682	37.005	262.571	2 935.739	4.096	—	5.936	10.138	365.239	7.429	3 664.835
0310	28.915	39.598	103.898	2 095.869	3.972	2.050	6.449	9.315	140.606	3.489	2 434.161
0311	29.385	25.714	334.720	1 465.080	3.239	—	5.432	10.957	436.814	8.673	2 320.014
0312	24.142	39.583	138.357	2 823.381	3.336	—	6.265	9.304	196.156	4.642	3 245.166

续表

各成分的含量/μg·g⁻¹ ($\mu g \cdot g^{-1}$)

样本	槲皮素	山奈酚	表没食子儿茶素	芦丁	没食子儿茶素没食子酸酯	柚皮素	木犀草素	二氢槲皮素	没食子儿茶素	二氢杨梅素	总计
0313	40.839	40.197	193.592	1 399.697	3.011	3.726	11.810	13.125	281.112	12.548	3 266.629
0314	31.355	101.71	274.202	2 782.980	3.759	—	5.266	6.660	350.002	4.402	3 560.333
0316	30.261	44.388	93.578	1 186.786	2.506	1.441	7.610	6.738	125.690	5.525	1 504.523
0317	35.102	36.519	528.251	1 933.817	3.232	0.060	4.505	15.957	697.155	12.031	3 266.629
0318	34.139	53.752	183.739	1 503.042	3.465	1.963	8.594	9.479	271.831	5.687	2 075.691
0319	25.342	26.983	286.677	1 730.631	3.125	—	4.453	9.774	387.495	8.978	2 483.458
0320	31.355	19.505	318.381	2 054.195	2.952	—	2.835	9.935	427.426	6.094	2 872.678
0321	27.920	28.434	126.008	1 725.860	3.276	—	8.809	6.653	173.991	4.887	2 105.838
0322	22.287	34.582	223.279	1 917.834	3.305	—	3.548	6.752	297.249	5.862	2 514.698
0323	24.156	40.119	245.412	2 105.552	3.343	—	1.869	9.105	360.699	3.343	2 793.598
0324	28.132	41.438	593.927	2 145.348	4.467	—	3.171	11.585	794.753	10.494	3 633.315
0325	29.741	46.259	142.474	2 016.803	3.184	—	4.434	6.015	186.103	4.319	2 439.332

续表

样本	各成分的含量/μg·g⁻¹										
	槲皮素	山奈酚	表没食子儿茶素	芦丁	没食子儿茶素没食子酸酯	柚皮素	木犀草素	二氢槲皮素	没食子儿茶素	二氢杨梅素	总计
0326	29.196	64.968	237.816	1 803.867	3.495	0.205	2.382	10.502	343.610	6.265	2 502.306
0327	19.232	36.564	72.984	1 721.462	2.739	–	1.753	5.696	102.490	3.776	1 966.696
0328	30.629	53.360	207.761	2 515.743	2.826	0.066	1.954	6.403	280.575	6.279	3 105.596
0329	22.036	44.204	318.793	1 390.328	3.027	–	2.144	9.080	425.070	5.984	2 220.666
0330	17.219	12.727	75.004	318.986	2.839	–	1.549	1.565	108.657	0.993	539.539
0331	21.205	28.638	226.700	1 486.258	3.302	–	2.043	8.504	304.514	4.172	2 085.336
0332	27.829	31.642	299.726	1 711.939	3.457	2.588	3.474	9.542	441.252	8.954	2 540.403
0333	19.411	37.564	172.070	2 287.809	3.288	–	1.863	7.741	238.807	7.059	2 775.609
0334	48.009	31.618	224.281	4 253.230	3.457	1.392	3.638	15.039	308.537	10.186	4 899.387
0335	30.783	33.407	182.755	1 607.337	3.442	0.281	8.084	7.206	241.523	6.394	2 121.212
0336	21.068	37.564	348.719	1 342.829	3.368	0.886	5.249	10.098	467.503	8.132	2 245.416

"—"：未检测出。

第二节 文冠果分子标记辅助选择技术

一、分子标记辅助选择育种是文冠果育种发展趋势

分子育种是产量和种子油含量等数量性状遗传改良的趋势，但分子标记（RAPD 和 SSR）仅于近期被应用于文冠果种质亲缘关系、遗传多样性、种群变异、指纹图谱构建等方面的研究。Bi et al.（2015）利用文冠果的 EST 序列，鉴定了适用于文冠果的 60 对 SSR 标记引物。Liu et al.（2013）利用文冠果芽、叶、花和种子的 RNA-seq 数据，搜索出 6 707 个 SSR 和 16 925 个 SNP 标记；刘玉林等（2017）从这 6 707 个 SSR 标记中选择设计了 60 对 SSR 标记引物，其中的 47 对能扩增出与目的片段长短相符的产物。为了克服遗传图谱为基础的 MAS/QTL 育种在多年生木本植物中应用的局限性（Ruan et al. 2010），利用标记-性状连锁的多元回归分析及候选基因关联分析鉴定性状关联分子标记，开展标记辅助育种，正日益成为无全基因组信息林木分子育种的发展方向（Fischer et al. 2017）。基于大量种质资源，利用标记-性状连锁的多元回归分析，已筛选鉴定出多个与物种抗性和品质性状相关的 SSR 标记，并利用其对物种种质进行了鉴定评价（Sun et al. 2015）。18 个 SSR 标记对 239 份来自欧洲和巴基斯坦杏种质的分析表明，杏种质有较高水平的遗传多样性（He=0.74），3 个 SSR 位点（PGS1.21-240，PGS1.23-161 和 PGS1.23-119）与李痘病毒抗性关联，且抗性标记在巴

基斯坦种质中出现频率（41.7%）远高于土耳其（1.7%）种质（Gurcan et al. 2015）。

二、文冠果花目的基因 SSR 标记开发

选取 100 株文冠果单株作为样树（编号为 TL–1……TL100），提取 100 株文冠果叶片 DNA。根据团队前期对文冠果转录组测序结果，利用 MISA 软件从文冠果花、叶、根和果实转录组的 45 335 条 unigenes 中搜索到 12 606 个 SSR 标记，这些 SSR 标记分布在 11 756 条 unigenes 上，其发生频率为 25.93%（有 SSR 位点分布的 unigene 占总 unigene 的百分比），对于 11 756 条发现 SSR 位点的 unigenes，每条至少含有 1 个 SSR 位点，850 条 unigenes 含有两个或两个以上的 SSR 位点，平均每 4 066bp 中分布有 1 个 SSR 位点。所搜索到的 SSR 标记中，34.29% 的为单核苷酸重复，32.82% 的为二核苷酸重复，29.22% 的为三核苷酸重复，0.69% 的为四核苷酸重复，1.59% 的为五核苷酸重复，1.39% 的为六核苷酸重复。

根据文冠果转录组数据库中有功能注释的 unigenes，以调控文冠果花发育和花性别分化目的性状的相关基因为目的基因，进行对比分析，共发现以下目的基因 unigenes 在数据库中有相应的注释，包括调控花发育的 *RAP1*（Ras–related protein Rap 1）基因、*FAR1*（Far–red impaired response 1）基因、*PLD*（Phospholipase）基因、*MYB24*（myb domain protein 24）基因、*BEL1*（BEL1–like homeodomain protein 1）基因、*USP1*（ubiquitin carboxyl–terminal hydrolase 1）基因，调控花性别分化的 *WUS*（WUSCHEL）基因、*PI*（PISTILLATA）基因、*ARF6*（auxin

表 5-2 基于 RNA-Seq 开发的文冠果花目的基因 SSR 标记

引物名称	引物序列(5'-3')	退火温度 Tm(℃)	SSR 重复单元	预期产物(bp)
XS_3304_1	F:CGTCAACAAATGATCATAACCAA R:ATTTTTCTGCACCCAGTTCTGAT	54	TCA(3*6)	155
XS_3304_2	F:TCATAACCAACAATTTCAATGGC R:GAGATTGGAATCCATTTTTCTGC	52	TCA(3*6)	155
Cluster-1434.73884	F:TGGAGGAGTTTGAGGTCCCT R:TGGTGGTTGTTGAGTCCATGT	57	(TCA)5	265
Cluster-1434.26117	F:CCCACCACATTTTCGTCGCTC R:TGCAAGTTCGGTTTCTCGGGT	57	(AGT)7	198
Cluster-1434.26117	F:AACACCCTCAAATGGCACCA R:TGGAGACCACTTGGAAAACCAC	57	(TAG)6	253
Cluster-1434.82391	F:ACACACTTGCTCTCTAGTCCCT R:GGACTCGCTTGTTGTGCTCT	56	(TC)8	277
Cluster-1434.44245	F:CCTGCTCCTGCTTACACCAA R:TCAGCAGGGTGACATGACTG	58	(GCT)7	269

续表

引物名称	引物序列(5′-3′)	退火温度Tm(℃)	SSR重复单元	预期产物(bp)
Cluster-1434.44245	F:CCTTGGCACCGTTTCAATGG R:TTGAGGAACCAACCGTCACC	58	(GTT)5	279
Cluster-1434.44245	F:CGGAGGAGAGATCGAAGCAC R:CACCCCATCAACAACACCCT	58	(GCC)5	138
Cluster-1434.152387	F:AAGCTGAGGCTCGTGTTGAG R:CGAGAAGAAAAGAGGAGGACG	56	(TCA)5	185
Cluster-1434.90732	F:AGGGTGTTGTTGCTGATGGCGTC R:TCTTCCTTGTTTGCTCTGCA	56	(AG)10aa(AG)7	226
Cluster-1434.90732	F:TCCAAAACACCATTTTTCAAGCCT R:GAAACCTCTGCTTTGCCTGC	56	(TGG)6	160
Cluster-1434.149061	F:ACCCTAACCACGTTGTTCATGGT R:TCTGCTTTGGAAGAGATGACAT	56	(AGC)5	271
XS_2159_3	F:ACGGACACCATGTTTGACTTAAT R:AGAGTGAACTGTGTACCCGTTGT	60	TCA(3*5)	148

续表

引物名称	引物序列(5'-3')	退火温度 Tm(℃)	SSR 重复单元	预期产物(bp)
XS_523_3	F:GAGACGAGAGACATCAAGCTGTT R:ATCCTGATCCACACTCTCATCAT	56	GGC(3*5)	102
XS_783_2	F:TTCTTCAAACATCAACATCATCG R:ATTTGTGGTGATCAAAGATCCAG	53	GCT(3*5)	158
XS_784_1	F:AGAGAGCTTTTTGCGTTCTATGC R:GCTAGTTTGATCACCTCCAAACA	55	AAT(3*6)	94
XS_3247_1	F:CATTGGTATTTCCGATCTTTTGA R:AAAAATAATCTCAAAACGGTGTCTG	53	AG(2*8)	146
XS_3247_5	F:TTTTGAGTTCCCGTACTGTTTTC R:CACATCAAGATTTCAAATTGTTTCA	53	AG(2*8)	154
XS_3197_5	F:CTTCAAGAAGCTAAGCCCAAGAG R:TTGGACCGACATATCATTCTTTT	60	GGT(3*5)	108
XS_3636_4	F:ATTGAATTAAAAGAATCCGGAGC R:ACTGAACTGGGATTCTCAAACTG	55	TAA(3*5)	140

续表

引物名称	引物序列(5′-3′)	退火温度 Tm(℃)	SSR 重复单元	预期产物(bp)
XS_3637_5	F:TGAAAACCCTAGTGGACTTCATT R:AATTCCCCGTTCTTTACACTGCTC	55	GCAACA(6*4)	137
XS_1070_1	F:GGTAAAATGAAACCAAGAACTGG R:CAGCAGATCATTCACAAATGCTAC	54	TG(2*8)	159
Cluster-1434.111658	F:CTTGCATCCATGGGCTCT R:AGCACTACATCTCTCACCCA	56	(TTG)5	165
XS_3150_1	F:GACCCTGTCAGCTCACTTGAATA R:AGGAAGATTTCAAATGCCAAAAT	56	GA(2*9)	109
Cluster-1434.87473	F:TCGAAATGGCTGCTCGAGACC R:CCATCTCCAGTTGCAGGGAA	57	(GA)8	268
Cluster-1434.130266	F:CATGCCATGGGGAAGAGAGGG R:AGCCCCATAAACTTCGGTTGGG	58	(CTC)7	185
Cluster-1434.109578	F:CTCCGGCTCACACAGCAGA R:TCTGCTAAACGCCATGTCGT	59	(GA)9	212

续表

引物名称	引物序列(5'-3')	退火温度 Tm(℃)	SSR 重复单元	预期产物(bp)
Cluster-1434.139665	F:GGGGAAGAAGACGCAAAGGA R:CTTCACCTCACCAGAACGCT	58	(TA)8	278
Cluster-1434.126954	F:TCATCTCTCGGCTCCTCCAT R:GTGCCTTTCTCCATTGCTCT	57	(AG)8	192
Cluster-1434.79374	F:AGCCCAACCCAAAGACACAGTC R:CTGCCCCTCTTCTGCTGTTCT	57	(GA)7	269
Cluster-1434.128421	F:AGAGAGAGATGCCTCCCAGG R:TCGCTCCTCTCGACTGAGTGA	58	(AG)(GA)6	204
Cluster-1434.128421	F:CACCTGCTACCACGTCGAAGT R:GAGAGTGTGCGTGTGAGTGA	57	(TC)7	262
Cluster-1434.89172	F:TAGCTAGGCAGGCATCCGACG R:TTCATCAGAACCCCACCACC	58	(GGA)5	275
Cluster-1434.89172	F:TCTTCGCAGAAGTCTTCGGGGC R:TTTACGAGACCCCACGAGTG	57	(GA)6	255

response factor 6）基因、*ARF8*（auxin response factor 8）基因、*TCP*（TEOSINTE BRANCHED1/CYCLOIDEA/PROLIFER ATING CELL FACTORS）基因；与花发育和花性别分化均有关的 *AP2*（APETALA2）基因。在转录组数据库中，涉及上述目的基因功能注释的 unigenes 有 468 条，共挖掘到 76 个 SSR 位点，根据选取的 76 个 SSR 位点，设计 PCR 引物，以编号为 TL-1、TL-2、TL-3 的文冠果叶片 DNA 为模板，对 76 对 SSR 引物的有效性进行初步验证，结果表明有 54 对文冠果 SSR 标记能扩增出清晰的目的条带，有效扩增效率为 71%。

选用 100 份文冠果样品的叶片 DNA 为模板，对初步筛选出来的 54 对 SSR 有效扩增引物进行多态性验证。结果表明，其中有 2 对引物的扩增目的片段与预期目的片段大小不一致，17 对引物的 PCR 扩增产物在 100 份文冠果样品中呈现单一条带，剩余的 35 对引物的扩增产物的条带在预期目的条带范围内呈现出多态性，多态性引物占有效引物的 64.8%。35 对多态性 SSR 引物在 100 份文冠果样品中共扩增出 2 799 条目的条带，其中有 1 222 条多态性片段。新开发的文冠果 SSR 标记引物 XS_3304_2 在 100 份文冠果样品中的扩增产物在 8% 聚丙烯酰胺凝胶电泳检测结果见图 5-4。

三、文冠果基于 SSR 标记的遗传多样性分析

运用 100 份文冠果样品 DNA 为模板对初筛的 54 对 SSR 引物进行多态性验证，结果获得 35 对多态性 SSR 引物，利用筛选出的 35 对 SSR 引物对 100 份文冠果样品进行遗传多样性分析（表 5-3）。35 个 SSR 位点共检测到 105 个等位变异，每一个 SSR

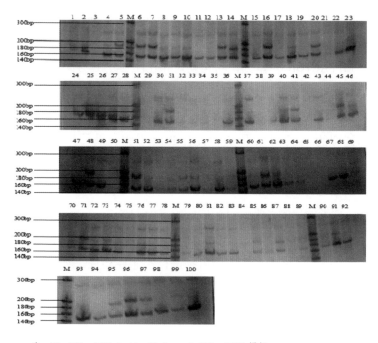

注：M：20bp DNA Ladder Marker；1-100：DNA 模板

图 5-4　引物 XS_3304_2 在 100 个文冠果样品中的多态性

位点的等位基因数（Na）全部为 3；有效等位基因数（Ne）介于 1.010（XS_3636_4）~2.000(XS_3150_1)，平均为 1.608；观测杂合度(Ho)介于 0.010(XS_3636_4)~1.000（XS_3150_1），平均为 0.444；期望杂合度（He）介于 0.010（XS_3636_4）~0.500（XS_3150_1），平均为 0.352；香农指数（I）介于 0.032　（XS_3636_4）~0.693（Cluster-1434.139665），平均为 0.524；遗传多样性（GD）介于 0.049（XS_3636_4）~0.664（Cluster -1434.139665），平均为 0.550；PIC 指数直接反映了分子标记的多态信息含量，多态性信息含量（PIC）介于 0.048~0.590，平均为 0.438。其中 XS_3636_4

表 5-3　35 对 SSR 标记在关联群体内的多样性信息

引物名称	等位基因数 Na	有效等位基因数 Ne	观测杂合度 Ho	期望杂合度 He	香农指数 I	遗传多样性 GD	多态性信息 PIC
XS_3304_1	3	1.910	0.784	0.477	0.670	0.507	0.405
XS_3304_2	3	1.668	0.554	0.401	0.590	0.558	0.496
Cluster-1434.73884	3	1.668	0.304	0.400	0.590	0.618	0.538
Cluster1434.26117-1	3	1.824	0.578	0.452	0.644	0.543	0.468
Cluster-1434.26117-2	3	1.948	0.837	0.487	0.680	0.559	0.469
Cluster-1434.82391	3	1.719	0.303	0.418	0.609	0.534	0.466
Cluster-1434.44245	3	1.675	0.369	0.403	0.593	0.553	0.491
Cluster-1434.44245-1	3	1.141	0.036	0.124	0.244	0.367	0.329
Cluster-1434.44245-1	3	1.688	0.500	0.407	0.598	0.546	0.482
Cluster-1434.152387	3	1.620	0.433	0.383	0.571	0.418	0.352
Cluster-1434.90732	3	1.234	0.113	0.190	0.339	0.442	0.393
Cluster-1434.90732	3	1.842	0.362	0.457	0.650	0.641	0.565

续表

引物名称	等位基因数 Na	有效等位基因数 Ne	观测杂合度 Ho	期望杂合度 He	香农指数 I	遗传多样性 GD	多态性信息 PIC
Cluster-1434.149061	3	1.192	0.059	0.161	0.298	0.359	0.327
XS_2159_3	3	1.568	0.475	0.362	0.548	0.552	0.492
XS_523_3	3	1.065	0.063	0.061	0.140	0.150	0.144
XS_3247_1	3	1.309	0.274	0.236	0.399	0.294	0.271
XS_3247_5	3	1.983	0.906	0.496	0.689	0.534	0.428
XS_3197_5	3	1.896	0.370	0.472	0.665	0.617	0.542
XS_3636_4	3	1.010	0.010	0.010	0.032	0.049	0.048
XS_3637_5	3	1.647	0.368	0.393	0.582	0.454	0.387
XS_1070_1	3	1.744	0.617	0.427	0.618	0.590	0.516
Cluster-1434.111658	3	1.994	0.877	0.499	0.692	0.652	0.579
XS_3150_1	3	2.000	1.000	0.500	0.693	0.496	0.406
Cluster-1434.87473	3	1.474	0.403	0.322	0.502	0.583	0.506

续表

引物名称	等位基因数 Na	有效等位基因数 Ne	观测杂合度 Ho	期望杂合度 He	香农指数 I	遗传多样性 GD	多态性信息 PIC
Cluster-1434.130266	3	1.672	0.557	0.402	0.592	0.613	0.541
Cluster-1434.109578	3	1.254	0.086	0.202	0.355	0.519	0.444
Cluster-1434.139665	3	1.998	0.290	0.499	0.693	0.664	0.590
XS_783_2	3	1.268	0.241	0.212	0.367	0.454	0.404
XS_784_1	3	1.220	0.200	0.180	0.325	0.477	0.392
Cluster-1434.126954	3	1.941	0.826	0.485	0.678	0.558	0.468
Cluster-1434.79374	3	1.820	0.685	0.451	0.643	0.553	0.478
Cluster-1434.128421-1	3	1.727	0.603	0.421	0.612	0.619	0.548
Cluster-1434.128421-2	3	1.414	0.356	0.293	0.468	0.550	0.483
Cluster-1434.89172-1	3	1.995	0.949	0.499	0.692	0.646	0.571
Cluster-1434.89172-2	3	1.162	0.151	0.140	0.268	0.344	0.314
平均值 mean	3	1.608	0.444	0.352	0.524	0.550	0.438

最低（0.048），Cluster–1434.139665 最高（0.590），较高的 PIC 值表明，关联群体 SSR 位点变异丰富，遗传多样性较高。

利用 35 对多态性 SSR 标记基于共享等位基因比例的 UPGMA 树状图（图 5–5），根据遗传距离的远近，对 100 份文冠果样品进行聚类分组。根据图 5–5 分析表明，100 份文冠果样品可分为两大类群（Ⅰ 和 Ⅱ），二者的亲缘关系相对较远。8 份文冠果样品聚为类群 Ⅰ，其他 92 份文冠果样品聚类在类群 Ⅱ 中，类群 Ⅱ 可进一步分为 3 个亚群，分别为 Ⅱa、Ⅱb 和 Ⅱc。

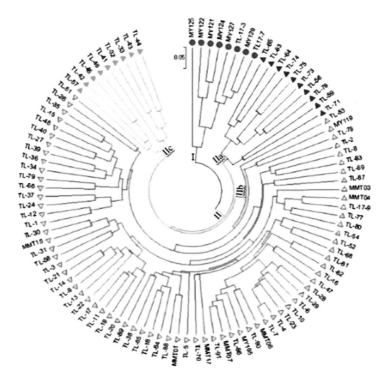

图 5–5 基于 SSR 分子标记 100 份文冠果样品的聚类图

类群 Ⅰ 包含 MY125、MY122、MY121、MY124、MY127、TL-17-3、MY129 和 TL-17-7，在类群 Ⅰ 中 MY125 单独聚类成一个单支，表明 MY125 与这 7 份文冠果样品亲缘关系相对较远。将类群 Ⅱ 细分为 3 个亚群（Ⅱa、Ⅱb 和 Ⅱc），亚群 Ⅱa 中包括 10 份文冠果样品，其中，TL-59 和 TL-71 聚类成一个小分支，其他 8 份样品聚类成一个分支。亚群 Ⅱb 包括 73 份样品，其中 TL-53 单独聚类成一个分支，TL-53 和其他 72 份样品间的亲缘关系较远。TL-4 和 TL-7 聚类成一个小分支，两者之间的遗传距离较近，这两份样品可能有着同一亲本。亚群 Ⅱc 包括 9 份样品，TL-57 单独聚类成一个分支，TL-41 单独聚类成一个分支。遗传关系的结果表明，由于 100 份文冠果样品全部取自同一地区，相同地理来源的文冠果样品材料多数可以聚类在一起，表明来源相同的文冠果样品具有较近的亲缘关系。

四、文冠果花表型性状的 SSR 标记关联分析

1. 文冠果雌雄花比调查结果

本研究对选取的 100 株文冠果样树进行了连续 2 年（2018 年 5 月~2019 年 5 月）的文冠果雌雄花比调查，并计算了 2 年雌雄花比的平均值（表 5-4）。将文冠果雌雄花比平均值进行正态分布，检验结果表明，文冠果样树分布的雌雄花比表型性状基本符合正态分布，先前对它们的分析表明，在所有调查的样本中都具有明显的差异，综上所述，雌雄花比表型数据可用于关联分析。

表 5-4 文冠果雌雄花比调查

编号	雌雄花比	编号	雌雄花比	编号	雌雄花比	编号	雌雄花比	编号	雌雄花比
TL-1	0.1697	TL-21	0.1383	TL-42	0.1648	TL-69	0.0722	TL-90	0.0812
TL-2	0.1059	TL-22	0.0559	TL-43	0.1791	TL-70	0.0965	TL-91	0.0563
TL-3	0.1227	TL-23	0.1279	TL-44	0.0861	TL-71	0.0776	MMT01	0.1203
TL-4	0.1318	TL-24	0.1709	TL-45	0.1253	TL-73	0.0586	MMT03	0.0939
TL-5	0.1106	TL-26	0.1461	TL-46	0.0957	TL-74	0.0914	MMT04	0.0912
TL-6	0.097	TL-27	0.0851	TL-47	0.1215	TL-75	0.1456	MMT06	0.1942
TL-7	0.1415	TL-28	0.07	TL-48	0.0738	TL-76	0.0942	MMT07	0.1127
TL-8	0.148	TL-29	0.0861	TL-51	0.1782	TL-77	0.1439	MMT15	0.1393
TL-9	0.1304	TL-30	0.1676	TL-52	0.1151	TL-78	0.1367	TL-17-9	0.2163
TL-10	0.1254	TL-31	0.0869	TL-53	0.08	TL-79	0.1084	MY105	0.1343
TL-11	0.1199	TL-32	0.1376	TL-54	0.1042	TL-80	0.1091	MMT17	0.0779
TL-12	0.1092	TL-33	0.1046	TL-56	0.1078	TL-81	0.1695	MY119	0.0886
TL-13	0.0806	TL-34	0.1297	TL-57	0.12	TL-82	0.1179	MY121	0.0862

续表

编号	雌雄花比	编号	雌雄花比	编号	雌雄花比	编号	雌雄花比	编号	雌雄花比
TL-14	0.0883	TL-35	0.1034	TL-58	0.1248	TL-83	0.0976	MY122	0.0552
TL-15	0.1097	TL-36	0.0973	TL-59	0.1149	TL-84	0.0882	MY124	0.0898
TL-16	0.0574	TL-37	0.2465	TL-63	0.109	TL-85	0.1571	MY125	0.1443
TL-17	0.1709	TL-38	0.1155	TL-64	0.1201	TL-86	0.0965	MY127	0.0963
TL-18	0.1818	TL-39	0.1736	TL-65	0.1468	TL-87	0.0987	MY129	0.0901
TL-19	0.1472	TL-40	0.1043	TL-66	0.1519	TL-88	0.0636	TL-17-3	0.2122
TL-20	0.1586	TL-41	0.102	TL-68	0.0865	TL-89	0.0502	TL17-7	0.1229

2. 群体结构分析

群体结构是指某一个植物群体内存在亚群的具体情况，群体结构产生的主要因素有地理起源、地域适应性及聚合群体基因型的繁殖历史等，都可能造成一定的影响。在进行 SSR 位点与表型性状的关联分析之前，首先要确定其群体结构，本研究利用 Structure2.3.4 软件进行群体结构分析，基于 SSR 标记数据对 100 份文冠果样品进行重复 20 次的 1 到 15（K = 1，2，3，...15）亚群划分测试，结果发现，拟然数 Ln（P (D)）随假定亚群数 K 值的增大而持续增大，无明显的拐点，通过 Ln（P (D)）值绘制 K 与 △K 曲线（图 5-6），由图 5-6 可以看出，当 K=3 时出现峰值，其 △K 的数值最大，因此，可推断 100 个文冠果样品可以划分为 3 个亚群，进一步以 K=3 绘制基

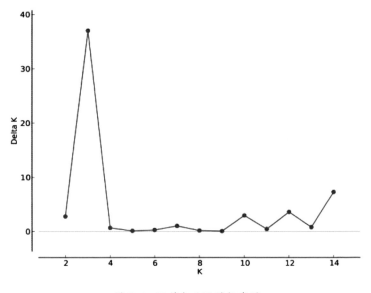

图 5-6　K 值与 △K 的折线图

于数学模型模拟的 100 份文冠果样品遗传结构的贝叶斯分配图
(图 5-7)。其中不同色块代表着不同的亚群，纵坐标代表各样
品占某类群祖先成分的比例，横坐标代表文冠果样品的编号，
蓝色代表第一个亚群，红色代表第二个亚群，绿色代表第三个
亚群。通过亚群划分结果可知，第一个亚群和第二个亚群各包
含了 46 份样品，两个亚群占样品总数的 92%。第三个亚群包
含了 8 份样品，占样品总数的 8%。

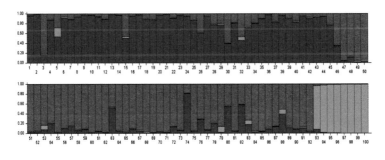

图 5-7 文冠果群体遗传结构 (K=3)

根据群体遗传结构分析得到 K 值计算出 100 份文冠果样品
的 Q 值。某一样品材料在某类群中 Q 值=0.600 时，则认为该
样品材料的血缘关系比较单一，相反则认为该样品材料的血缘
关系来源复杂。Q 值越大，表示该样品属于这个亚群的可能性
就越大。根据各样品在各个群体中的 Q 值分布可以表示各样品
之间的关系（表 5-5）。100 份文冠果样品中 Q=0.600，仅有 8
份样品，占样品总数的 8%。Q 值大于或等于 0.8 和 0.9 的样品
分别占 23% 和 70%，说明各群体中大部分文冠果样品血缘关系
比较单一，较少的样品含有其他群体的遗传成分。

表5-5 100份文冠果样本的Q值矩阵

序号	样品编号	Q1	Q2	Q3	序号	样品编号	Q1	Q2	Q3	序号	样品编号	Q1	Q2	Q3
1	TL-1	0.034	0.006	0.96	35	TL-36	0.099	0.004	0.897	69	TL-78	0.979	0.009	0.013
2	TL-2	0.01	0.003	0.986	36	TL-37	0.015	0.007	0.978	70	TL-79	0.961	0.006	0.033
3	TL-3	0.815	0.023	0.162	37	TL-38	0.162	0.013	0.825	71	TL-80	0.974	0.005	0.02
4	TL-4	0.118	0.007	0.875	38	TL-39	0.029	0.011	0.96	72	TL-81	0.86	0.005	0.135
5	TL-5	0.282	0.179	0.539	39	TL-40	0.086	0.003	0.91	73	TL-82	0.933	0.007	0.06
6	TL-6	0.064	0.018	0.918	40	TL-41	0.147	0.019	0.834	74	TL-83	0.184	0.006	0.81
7	TL-7	0.109	0.007	0.884	41	TL-42	0.046	0.004	0.95	75	TL-84	0.946	0.008	0.046
8	TL-8	0.058	0.003	0.94	42	TL-43	0.074	0.019	0.908	76	TL-85	0.702	0.011	0.287
9	TL-9	0.029	0.005	0.966	43	TL-44	0.073	0.005	0.922	77	TL-86	0.926	0.008	0.066
10	TL-10	0.028	0.004	0.968	44	TL-45	0.057	0.004	0.939	78	TL-87	0.8	0.007	0.193
11	TL-11	0.056	0.006	0.938	45	TL-46	0.219	0.011	0.77	79	TL-88	0.859	0.113	0.027
12	TL-12	0.106	0.005	0.889	46	TL-47	0.649	0.008	0.343	80	TL-89	0.442	0.011	0.547

续表

序号	样品编号	Q1	Q2	Q3	序号	样品编号	Q1	Q2	Q3	序号	样品编号	Q1	Q2	Q3
13	TL-13	0.016	0.004	0.979	47	TL-48	0.954	0.006	0.04	81	TL-90	0.948	0.009	0.043
14	TL-14	0.028	0.004	0.969	48	TL-51	0.874	0.014	0.111	82	TL-91	0.414	0.006	0.579
15	TL-15	0.46	0.036	0.504	49	TL-52	0.954	0.029	0.018	83	MMT01	0.731	0.089	0.18
16	TL-16	0.043	0.006	0.951	50	TL-53	0.929	0.031	0.04	84	MMT03	0.949	0.021	0.031
17	TL-17	0.017	0.011	0.972	51	TL-54	0.963	0.014	0.023	85	MMT04	0.952	0.006	0.042
18	TL-18	0.101	0.006	0.893	52	TL-56	0.948	0.011	0.041	86	MMT06	0.901	0.015	0.083
19	TL-19	0.113	0.014	0.874	53	TL-57	0.831	0.084	0.085	87	MMT07	0.855	0.008	0.137
20	TL-20	0.029	0.006	0.965	54	TL-58	0.793	0.004	0.203	88	MMT15	0.514	0.092	0.393
21	TL-21	0.01	0.004	0.987	55	TL-59	0.973	0.004	0.023	89	TL-17-9	0.86	0.024	0.116
22	TL-22	0.082	0.005	0.913	56	TL-63	0.893	0.012	0.096	90	MY105	0.912	0.005	0.083
23	TL-23	0.033	0.003	0.963	57	TL-64	0.837	0.015	0.148	91	MMT17	0.876	0.023	0.101
24	TL-24	0.048	0.004	0.949	58	TL-65	0.926	0.011	0.062	92	MY119	0.946	0.018	0.036

续表

序号	样品编号	Q1	Q2	Q3	序号	样品编号	Q1	Q2	Q3	序号	样品编号	Q1	Q2	Q3
25	TL-26	0.129	0.006	0.865	59	TL-66	0.911	0.006	0.083	93	MY121	0.035	0.882	0.083
26	TL-27	0.387	0.005	0.607	60	TL-68	0.972	0.004	0.024	94	MY122	0.027	0.957	0.016
27	TL-28	0.034	0.013	0.953	61	TL-69	0.951	0.012	0.036	95	MY124	0.009	0.98	0.011
28	TL-29	0.213	0.014	0.773	62	TL-70	0.978	0.005	0.017	96	MY125	0.011	0.978	0.012
29	TL-30	0.214	0.019	0.766	63	TL-71	0.464	0.011	0.525	97	MY127	0.007	0.987	0.006
30	TL-31	0.598	0.007	0.394	64	TL-73	0.937	0.015	0.049	98	MY129	0.005	0.992	0.004
31	TL-32	0.181	0.009	0.81	65	TL-74	0.968	0.011	0.02	99	TL-17-3	0.005	0.992	0.003
32	TL-33	0.471	0.071	0.458	66	TL-75	0.904	0.009	0.087	100	TL17-7	0.005	0.992	0.003
33	TL-34	0.288	0.004	0.708	67	TL-76	0.932	0.024	0.044					
34	TL-35	0.186	0.008	0.806	68	TL-77	0.97	0.016	0.014					

3. SSR 标记与雌雄花比表型性状的关联分析

利用 TASSEL2.1 软件的 GLM 和 MLM 两种程序分别进行关联分析，在 GLM 程序中，以各样品相对应的 Q 值作为协变量，将 35 对 SSR 引物的基因型数据与文冠果雌雄花比表型数据进行回归分析，寻找与雌雄花比表型相关的标记，并计算其解释率；在 MLM 程序中，采用 Q 值和 Kinship 相结合的方法进行回归分析，寻找与雌雄花比表型相关的标记并确定其表型变异解释率（表 5-6）。

表 5-6　与性状显著关联的 SSR 标记及其对表型变异的解释率(％)

基因名称	标记	GLM	MLM
AP2	XS_3304_1	5.58*	5.63*
BEL	XS_2159_3		5.72*
USP	XS_3197_5	12.08**	12.25**

注：*表示显著相关（P-adj＜0.05），**表示极显著相关（P-adj＜0.01）

GLM 分析结果显示，共检测到 2 个标记与雌雄花比表型性状在 P<0.05 显著水平上相关，与雌雄花比表型性状相关联的标记分别 XS_3304_1 和 XS_3197_5，2 个标记的表型变异解释率分别为 5.58% 和 12.08%。MLM 分析结果显示，在 P<0.05 显著性水平下，有 3 个标记与雌雄花比表型性状相关联，3 个与表型性状相关联的标记分别是 XS_3304_1、XS_2159_3 和 XS_3197_5，表型变异解释率为 5.63%~12.25%。MLM 分析结果与 GLM 比较，仅在 MLM 分析结果中检测到 XS_2159_3，表型变异解释率为 5.72%，其他 2 个标记的表型变异解释率仅存在微小差异。

在进行关联分析前，首先要对 100 份文冠果样品进行群体结构分析，这样有利于消除群体可能引起的伪关联现象，保证关联分析结果的准确。进行群体结构分析有助于文冠果资源材料的遗传改良、杂交育种等研究。SSR 标记在文冠果相关研究的成功应用，使人们对于文冠果资源的遗传多样性以及亲缘关系有了全新的认识，有助于科研学者对文冠果资源的进一步挖掘研究和遗传育种。

利用 Structure2.3.4 软件对 SSR 位点基因型数据进行群体结构分析。这种方法与基于遗传距离的聚类方法相比较，主要优点是排除了类亚群划分的人为因素。本研究最终确定 K=3 时为最佳的亚群数目，从而将 100 份文冠果样品划分为 3 个亚群（第一个亚群包含 46 份样品，第二个亚群包含 46 份样品，第三个包含 8 份样品），同时有 8 份样品因 Q<0.600 被认为血缘来源复杂。将 100 份文冠果样品相对应的 Q 值作为协变量，将雌雄花比表型数据与 SSR 标记基因型数据进行关联分析，从而避免亚群混淆可能形成的伪关联。

随着测序技术的迅速发展使得分子标记大量开发、遗传图谱高度加密、解析植物各性状的手段日臻成熟，使关联分析方法挖掘植物各性状相关基因成为现实。通过关联分析方法对文冠果雌雄花比表型性状进行 SSR 标记的关联分析，共检测出 3 个标记与雌雄花比表型性状相关联（P<0.05），各标记对表型变异解释率介于 5.63%~12.25%。随着文冠果基因组研究水平地不断提高，利用 SSR 标记等方法研究重要目标性状的关联位点，将进一步促进对各性状的了解，进而加快分子标记辅助育种进程。

参考文献

1. Bi QX, Mao JF, Guan WB. Efficiently developing a large set of polymorphic EST–SSR markers for *Xanthoceras sorbifolium* by mining raw reads from high–throughput sequencing. *Conservation Genet Resour* 2015, 7: 423~425

2. Fischer MC, Rellstab C, Leuzinger M, *et al.* Estimating genomic diversity and population differentiation– an empirical comparison of microsatellite and SNP variation in *Arabidopsis halleri*. *BMC Genomics* 2017, 18: 69

3. Gurcan K, Ocal N, Yilmaz KU, *et al.* Evaluation of Turkish apricot germplasm using SSR markers: Genetic diversity assessment and search for Plum pox virus resistance alleles. *Sci Hortic* 2015, 155~164

4. Liu Y, Huang Z, Ao Y. Transcriptome analysis of yellow horn (*Xanthoceras sorbifolia* Bunge) : a potential oil–rich seed tree for biodiesel in China. *PLoS ONE* 2013, 8: e74 441

5. Ruan CJ, Xu XX, Shao HB, *et al.* Germplasm–regression–combined (GRC) marker–trait association identification in plant breeding: a challenge for plant biotechnological breeding under soil water deficit conditions. *Crit Rev Biotechnol* 2010, 30: 192~199

6. Sun XY, Du ZM, Ren J, *et al.* Association of SSR markers

with functional traits from heat stress in diverse tall fescue accessions. *BMC Plant Biol* 2015, 15: 116

7. 刘玉林，李伟，董树斌，沐先运，张志翔. 文冠果转录组 SSR 特征分析及 EST-SSR 标记开发. 西北农林科技大学学报（自然科学版）2017，45(3)：1~7

8. 柴春山，芦娟，蔡国军，王子婷. 文冠果人工种群的果实发育与落花落果特性研究.植物研究，2012，32(1)：110~114

9. 常月梅，张彩红. 文冠果嫁接繁殖技术. 经济林研究，2013，31(2)：154~156

10. 德永军，吕涛，王一，贾国晶，叶冬梅，李嵘. 文冠果茎段形成层不定芽诱导组织培养技术初探. 内蒙古农业大学学报，2014，35(2)：39~42

11. 郭冬梅，郭军战，张欣欣. 文冠果开花结实规律研究. 北方园艺，2013，(6)：21~23

12. 韩淑贤，彭明喜，李冬云. 不同嫁接方法对文冠果嫁接成活率的影响. 园艺与种苗，2012，2012(7)：72~74

13. 康国生，马明呈. 文冠果的扦插育苗试验. 陕西林业科技，2008，(2)：18~20

14. 刘毓璟，赵忠，陈盖，张博勇，吴洋，刘琴琴. IBA 对文冠果嫩枝扦插生根过程中 2 种氧化酶活性的影响. 西北林学院学报，2013，28(3)：104~107

15. 柳金凤，吴建华，闵丽霞. 文冠果细胞悬浮培养技术研究. 安徽农业科学，2009，37(32)：15 706~15 708

16. 柳金凤，吴建华，闵丽霞. 文冠果组培快繁技术研究. 江苏农业科学，2010，(2)：52~54

17. 莫保儒，王多锋，戚建莉，焦强，柴春山，王子婷，芦娟. 文冠果不同营养器官扦插繁殖试验研究. 甘肃林业科技，2014，39（1）：18~21，55

18. 宋群雁，王丽艳，矫洪双，王丽娜，殷奎德. 文冠果组织培养和植株再生研究. 北方园艺，2013，（7）：121~124

19. 田英，王娅丽，王钰，刘玉娟. 文冠果传粉生物学特性研究. 黑龙江农业科学，2013，（6）：50~55

20. 汪智军，苏志豪，靳开颜. 2013. 影响文冠果坐果率因素及提高坐果率的研究. 吉林农业科学，38（1）：58~61

21. 臧国忠，陈尚武，张文，马会勤. 文冠果子叶同步胚的高效诱导及植株再生. 西北林学院学报，2008，23（5）：91~94

22. 张桂琴. 文冠果芽苗砧嫁接技术的研究报告. 特产科学实验，1984（4）：17~20

23. 张娜，郭晋平，张芸香. 文冠果不定芽再生与快速繁殖. 山西农业大学学报（自然科学版），2011，31（6）：492~497

24. 张娜，张芸香，郭晋平. 文冠果腋芽诱导关键影响因素与培养体系优化. 山西农业大学学报（自然科学版），2014，34（1）：53~58

25. 赵国锦，戴双. 文冠果扦插繁殖试验研究. 山东农业科学，2006，（4）：21~24

26. 宗建伟，杨雨华，赵忠，刘昭军，张胜. IBA 对文冠果硬枝扦插根系形态指标的影响. 北方园艺，2012，（23）：11~14

后　记

《文冠果丰产栽培管理技术》受中央财政林业科技推广示范项目"宁夏中部干旱带文冠果优良品种筛选及栽培关键技术示范（〔2018〕ZY04号）"、辽宁省重点研发计划"文冠果优良新品种选育与高效快繁工厂化育苗技术研究及示范（2020JH2/10200042）"和大连市科技创新基金计划乡村振兴项目"文冠果良种引繁与丰产栽培技术示范（2021JJ13SN75）"共同资助。

文冠果是干旱半干旱区巩固脱贫攻坚成果、乡村振兴及黄河流域生态保护和高质量发展的优势特色树种，正在被大面积推广应用，本书的出版希望能为文冠果的高产高效提供科学参考。

最后，谨以下面这首诗，献给为文冠果产业努力奋斗的同仁。让我们携起手来，共同为文冠果产业持续健康发展贡献力量。

千年古树庙中生

魂随风雨枝叶秀

梦绕人间美善行

昔日走过坎坷路
今朝再现展雄风
花叶入茶健身体
神油康脑智再生

群英集聚谋大略
政府力挺产业兴
金山银山绿水山
生态平衡锦前程

励志追梦文冠路
乡村振兴创奇功
隐居故土千年树
果坠枝头绿洲赢

2022 年 1 月